ıg
tif
ek

Korzyści z surowych soków z liści i skórek granatu

Radwan Farag
Mohamed S. Abdel-Latif
Layla S. Tawfeek

Korzyści z surowych soków z liści i skórek granatu

ScienciaScripts

Imprint

Cover image: www.ingimage.com

This book is a translation from the original published under ISBN 978-3-659-85901-4.

Publisher:
Sciencia Scripts
is a trademark of
Dodo Books Indian Ocean Ltd. and OmniScriptum S.R.L publishing group

120 High Road, East Finchley, London, N2 9ED, United Kingdom
Str. Armeneasca 28/1, office 1, Chisinau MD-2012, Republic of Moldova, Europe

ISBN: 978-620-3-61672-9

Streszczenie

Liście i skórki granatu, wspaniałej odmiany, zostały mechanicznie sprasowane w celu uzyskania surowych soków. Te ostatnie materiały poddano oznaczeniu składu chemicznego brutto surowych soków z liści i skórek części roślinnych granatu, oszacowaniu niektórych fitochemikaliów oraz ilościowemu określeniu całkowitej zawartości fenoli, flawonoidów, garbników i antocyjanów w surowych sokach z granatu, jakościowa i ilościowa charakterystyka związków polifenolowych w surowych sokach z liści i skórek granatu za pomocą aparatu HPLC oraz ocena aktywności przeciwutleniającej surowych soków ze skórek i liści granatu poprzez oznaczenie DPPH, siły redukującej i okresu indukcji za pomocą aparatu rancimat. Wyniki wykazały, że surowy sok ze skórek zawierał duże ilości surowego białka i węglowodanów ulegających hydrolizie, odpowiednio 1,42 i 2,5 razy więcej niż surowy sok z liści. Ilość polifenoli, flawonoidów, garbników i antocyjanów w surowym soku ze skórek była znacznie wyższa niż w surowym soku z liści. HPLC zastosowano do rozróżnienia związków polifenolowych w surowych sokach z liści i skórek granatu. Dwanaście i sześć związków polifenolowych wyodrębniono odpowiednio z surowych soków ze skórek i liści granatu. Podstawowymi związkami występującymi w sokach ze skórek i liści granatu były odpowiednio kwas galusowy, kwas protokatechowy i kwas galusowy, 3-hydroksytyrozol. Aktywność przeciwutleniająca surowego soku ze skórek była wyższa niż surowego soku z liści i była około 6,59 razy większa niż aktywność przeciwutleniająca soku z liści. Analiza statystyczna wykazała, że istnieje dodatnia korelacja między zawartością polifenoli a aktywnością przeciwutleniającą surowych soków z granatów. Obecne wyniki podkreślają zastosowanie surowych soków z granatu jako naturalnego przeciwutleniacza, ponieważ jest on prawie bezcenny, nie powoduje szkodliwego wpływu na zdrowie człowieka i wywołuje silny efekt przeciwutleniający w porównaniu do dobrze znanego BHT, syntetycznego przeciwutleniacza.

Słowa kluczowe: Surowe soki ze skórek i liści granatu, Skład chemiczny brutto, Przesiewowe analizy fitochemiczne, Polifenole, Flawonoidy, Analizator HPLC, Stabilność oleju słonecznikowego, Aparat Rancimat

DEDICATIOIN

Pracę tę dedykuję moim rodzicom, braciom i siostrze za wsparcie, jakie okazali mi podczas studiów podyplomowych.

PODZIĘKOWANIE

Mam przyjemność wyrazić moje najgłębsze podziękowania dla mojego Allaha.

Jestem bardzo wdzięczny ***dr Radwanowi Sedky Faragowi****, profesorowi biochemii na Wydziale Rolniczym Uniwersytetu w Kairze, za jego nadzór, wielką pomoc, wierne wskazówki i ciągłą zachętę podczas całej pracy.*

Moje uznanie i wielkie podziękowania kieruję do ***dr Mohameda Saada Abdel-Latifa****, profesora biochemii na Wydziale Rolniczym Uniwersytetu Kairskiego, za jego nadzór, wskazówki i pomoc w trakcie całej pracy.*

Wyrazy wdzięczności kierujemy również do wszystkich pracowników Wydziału Biochemii na Wydziale Rolniczym Uniwersytetu Kairskiego.

Szczególne wyrazy uznania należą się moim rodzicom, braciom i siostrze.

SPIS TREŚCI

ROZDZIAŁ 1

WPROWADZENIE

Owoce granatu są szeroko stosowane w wielu różnych kulturach i krajach od tysięcy lat. Owoce granatu zyskały ogromną popularność na przestrzeni lat. Pochodzące z Bliskiego Wschodu i Azji owoce granatu znane są pod nazwą Granada lub chińskie jabłko. Obecnie owoce te uprawiane są głównie w Indiach, Afryce i Stanach Zjednoczonych. Najlepszym miejscem do uprawy owoców granatu są obszary o gorącym klimacie.

Granat jest atrakcyjnym krzewem lub małym drzewem o wysokości od 2 do 4 metrów. Roślina granatu ma wiele gałęzi, mniej lub bardziej kolczastych i niezwykle długowiecznych. Jej liście są wiecznie zielone, mają od 1 do 10 centymetrów długości i są skórzaste.

Owoce granatu są prawie okrągłe, ale zwieńczone u podstawy kielichem o szerokości około 6,25-12,5 cm. Wewnętrzna część owoców granatu jest oddzielona błoniastymi ściankami i białą gąbczastą tkanką na przedziały wypełnione przezroczystymi woreczkami wypełnionymi cierpkim, aromatycznym, mięsistym, soczystym, czerwonym, różowym lub białawym miąższem, który jest znany jako arils.

Owoce granatu są powszechnie łączone z poprawą zdrowia serca, a także z innymi różnymi twierdzeniami, w tym ochroną przed rakiem prostaty i spowolnieniem utraty chrząstki w zapaleniu stawów. Większość badań koncentrowała się na miąższu i soku z owoców. Jednak niektórzy naukowcy donoszą, że skórki oferują wysoką wydajność związków fenolowych, flawonoidowych i proantocyjanidynowych niż miąższ. Granat jest przydatny w przypadkach wysokiej gorączki, przewlekłej biegunki i czerwonki, alombepu i wydalania robaków jelitowych, zwłaszcza tasiemców i leczenia hemoroidów, ponieważ jest korzystny na przeziębienie i leczenie chorób skóry, świerzbu i mieszanki sproszkowanej skórki z miodem i stosowany codziennie w postaci farby.

Kilku naukowców prowadziło badania nad różnymi ekstraktami z części botanicznych granatu przy użyciu rozpuszczalników o różnej polarności. Zgodnie z naszą najlepszą wiedzą, nikt nie próbował przeprowadzić badań nad wewnętrznym sokiem z liści i skórek granatu bez uciekania się do rozpuszczalników. Należy pamiętać, że niektóre rozpuszczalniki mogą mieć szkodliwy wpływ na zdrowie człowieka. Dlatego głównymi celami niniejszej pracy były:

1. Określenie składu chemicznego surowych soków z liści i skórek granatu.
2. Oszacowanie niektórych fitochemikaliów i ilościowe określenie całkowitej zawartości fenoli, flawonoidów, garbników i antocyjanów w surowych sokach z granatów.
3. Jakościowa i ilościowa charakterystyka związków polifenolowych w surowych sokach z liści i skórki granatu za pomocą aparatu HPLC.
4. Ocena aktywności przeciwutleniającej skórek i liści surowych soków z granatu poprzez określenie DPPH, siły redukującej i zaprojektowanie okresu indukcji za pomocą aparatu rancimat.

ROZDZIAŁ 2

PRZEGLĄD LITERATURY

1. Ogólny opis rośliny granatu

Granatowiec granatowy (Punica granatum) to krzew, zwykle o wielu pędach, który zwykle osiąga wysokość od 1,8 do 4,6 m. Liście liściaste są błyszczące i mają około 7,6 cm długości. Granat ma pomarańczowo-czerwone kwiaty w kształcie trąbki z potarganymi płatkami. Kwiaty mają około 5 cm długości, często są podwójne i są produkowane przez długi okres w lecie. Owoce są kuliste, o średnicy 5-7,6 cm i błyszczące, czerwonawe lub żółtawozielone, gdy są dojrzałe. Owoc jest technicznie jagodą. Jest wypełniony chrupiącymi nasionami, z których każde jest zamknięte w soczystym, nieco kwaśnym miąższu, który sam jest zamknięty w błoniastej skórce (Polunin i Huxley, 1987).

Granat to starożytny, mistyczny i bardzo charakterystyczny owoc. Drzewo granatu rośnie zazwyczaj na wysokości 12-16 stóp i ma wiele kolczastych gałęzi. Dojrzały owoc granatu może mieć do pięciu cali szerokości, głęboko czerwoną, skórzastą skórkę, ma kształt granatu i jest zwieńczony spiczastym kielichem. Owoc zawiera wiele nasion (pestek) oddzielonych białą, błoniastą owocnią, a każde z nich otoczone jest niewielką ilością cierpkiego, czerwonego soku. Granat pochodzi z Himalajów w północnych Indiach do Iranu, ale był uprawiany i naturalizowany od czasów starożytnych w całym regionie śródziemnomorskim. Występuje również w Indiach i bardziej suchych regionach Azji Południowo-Wschodniej, Indiach Wschodnich i tropikalnej Afryce (Naqvi i in., 1991).

Granat jest ważną rośliną owocową regionów tropikalnych i subtropikalnych. Jest szeroko uprawiany w Iranie, Hiszpanii, Egipcie, Rosji, Francji, Argentynie, Chinach, Japonii, USA i Indiach (Patil i Karade, 1996). Granat jest wymieniony trzykrotnie w ajatach Koranu i przez proroka islamu, Mahometa, jako jeden z owoców, które będzie można znaleźć w raju (Seeram et al., 2006).

Punica granatum L., powszechnie znany jako granat, to owocujący krzew liściasty lub małe drzewo, pochodzące z Azji i należące do rodziny Lythraceae. Liście są błyszczące i mają około 7,6 cm długości (Qnais et al., 2007).

Drzewo/owoc można podzielić na kilka anatomicznych przedziałów: (1) nasiona, (2) sok, (3) skórka, (4) liść, (5) kwiat, (6) kora i (7) korzenie (Lansky i Newman, 2007).

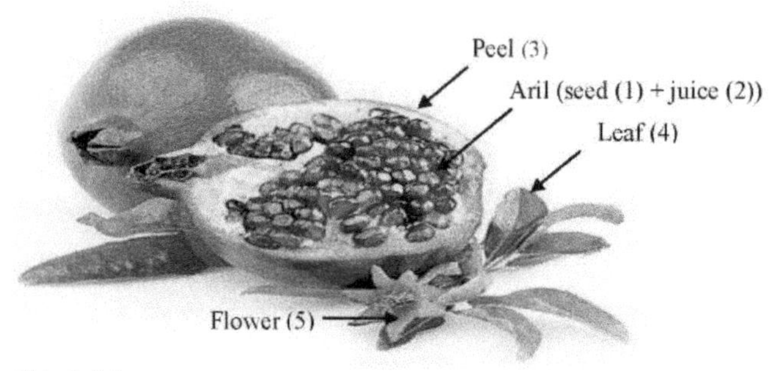

Składniki owocu granatu

Granat to starożytny, mistyczny, unikalny owoc rosnący na małym, długowiecznym drzewie uprawianym w całym regionie śródziemnomorskim, aż do Himalajów, w Azji Południowo-Wschodniej oraz w Kalifornii i Arizonie w Stanach Zjednoczonych (Jurenka, 2008).

Roślina ta ma różne nazwy w zależności od kraju uprawy, np. nazwa botaniczna: Punica granatum (Lythraceae), nazwa zwyczajowa: granat, melograno (w języku włoskim), granaatappel (w języku niemieckim). Łacińskie słowa oznaczające jabłko (pomum) i nasiona (granatus) zostały połączone w angielską nazwę granatu (seeded apple) i Anar lub Anaar (w hindi/Urdu i pendżabskim) (www.darwin.nt.gov.au/communityorchard).

Nazwa rodzaju, Punica, była rzymską nazwą Kartaginy, gdzie rosły najlepsze granaty. Granat znany jest w języku francuskim jako granat, w hiszpańskim jako granada, a w dosłownym tłumaczeniu oznacza jabłko z pestkami ("granatus") ("pomum") (Jurenka, 2008).

Granat należy do rzędu Myrtales i najprawdopodobniej pochodzi od Saxifragales (Watson i Dallwitz, 1992). Rodzina Lythraceae jest prawdopodobnie formą początkową, która zapoczątkowała rodziny Sonneratiaceae i Punicaceae (Angiosperm Phylogeny Group (APG II), 2003). Obecnie akceptowana taksonomia jest zgodna z taksonomią Angiosperm Phylogeny Group (APG-III, 2009), w której Punica jest traktowana jako rodzaj włączony do rodziny Lythraceae (Angiosperm Phylogeny Group (APG III), 2009).

Granat, Punica granatum L., nazwa zwyczajowa pochodzi od łacińskich słów ponus i granatus, czyli jabłko z nasionami lub granulkami, jest pysznym owocem spożywanym na całym świecie. Owoc ten pochodzi z Afganistanu, Iranu, Chin i subkontynentu indyjskiego. Starożytne źródła granatu związane są z Iranem, Pakistanem, Chinami i wschodnimi Indiami, gdzie granaty były uprawiane od tysięcy lat. Od zachodu Persji (współczesny Iran), uprawa granatu rozciągała się przez region śródziemnomorski do tureckich granic europejskich i amerykańskiego południowego zachodu, Kalifornii i Meksyku (Lansky i Newman, 2007 i Celik et al., 2009). Skórki granatu charakteryzują się wewnętrzną siecią błon stanowiącą prawie 26-30% całkowitej masy owocu i wyróżniają się znaczną zawartością związków fenolowych, w tym flawonoidów (antocyjanów, katechin i innych złożonych flawonoidów) oraz hydrolizowalnych tanin (punicalin, pedunculagin, punicalagin, kwasów galusowych i elagowych).

Uprawa granatu pochodzi z Bliskiego Wschodu, a następnie została rozpowszechniona w krajach śródziemnomorskich. Granat dobrze rośnie w półpustynnym klimacie umiarkowanym do subtropikalnego, gdzie powietrze jest suche, lata są gorące, a zimy chłodne, np. w Afganistanie, Iranie, Indiach, Chinach, Japonii, Stanach Zjednoczonych (Kalifornia), Hiszpanii, Egipcie, Turcji, Grecji i Rosji (Newman et al., 2007; Ozgen et al., 2008 i Akbarpour et al., 2009). Tunezja jest jedną z ojczyzn granatu.

Granat jest ważnym drzewem w regionach tropikalnych i subtropikalnych, które jest cenione za pyszne jadalne owoce. Owoc ma skórzasty egzokarp, a wnętrze jest oddzielone błoniastymi ściankami i białą gąbczastą tkanką na przedziały wypełnione przezroczystymi woreczkami wypełnionymi mięsistym, soczystym, czerwonym, różowym lub białawym miąższem zwanym arils. Owoce mogą być spożywane bezpośrednio, jako świeży sok lub wykorzystywane do przygotowywania wielu przemysłowych produktów spożywczych (Al-Maiman i Ahmad, 2002; Al-Said i in., 2009; Holland i in., 2009 oraz Mousavinejad i in., 2009).

Granat *(Punica granatum* L.), małe drzewo o wysokości 2-5 m, pochodzi z Azji Środkowej i jest uprawiany od wieków na Bliskim Wschodzie, w Azji, basenie Morza Śródziemnego, Stanach Zjednoczonych oraz Ameryce Południowej i Środkowej (Curroo i in., 2010).

Starożytne rośliny są nadal w użyciu. Minęło ponad 1400 lat, odkąd Święty Koran został objawiony prorokowi Mahometowi, niech pokój będzie z nim. W świętej księdze Koranu cytowanych jest wiele jadalnych i niejadalnych roślin. Niektóre z nich, na przykład krwawnik jelitowy (granat), granat w kolejności rosnącej w Świętym Koranie (Suratt Al Annaam; Ayat *99), które wskazują na wyjątkową istotę i wartość tych owoców (Qusti *et al.*, 2010).

Hegde *et al.* (2012) opisali granat jako owocujący krzew liściasty, należący do rodziny Lythraceae i uprawiany w całej Azji, na Bliskim Wschodzie i w regionie śródziemnomorskim.

Granat rośnie dziko w południowo-zachodniej Azji i jest uprawiany w krajach śródziemnomorskich. Jest to liściasty krzew lub drzewo o szkarłatnych, pachnących kwiatach, a później twardych żółtawych do czerwonawych owocach, które zawierają jaskrawoczerwone nasiona (Pullancheri *et al.*, 2013).

Granat (*Punica granatum* L.) był uprawiany od czasów starożytnych w różnych krajach basenu Morza Śródziemnego i Bliskiego Wschodu, co doprowadziło do odkrycia i lokalnej produkcji wielu unikalnych genotypów na przestrzeni wieków (Ferrara *et al.*, 2014).

2. Skład chemiczny granatu

Owoce i kora granatu były używane w garbarstwie już w czasach starożytnych. Według doniesień roślina zawiera ponad 28% kwasu galotanowego i alkaloidy: pelletierinę, metypelletierinę, izopelletierinę, pseudopelletierinę, kwas galusowy, kwas garbnikowy, cukier, szczawian wapnia itp. (Irvine 1961).

Sok z granatów jest ważnym źródłem antocyjanów, a 3-glukozydy i 3,5-diglukozydy delphinidyny, cyjanidyny i pelargonidyny zostały zgłoszone (Du et al., 1975). Zawiera również 1 g / l kwasu cytrynowego i tylko 7 mg / l kwasu askorbinowego (El-Nemr i in., 1990). Ponadto kora granatu (Tanaka i in., 1986), liście (Tanaka i in., 1985 i Nawwar i in., 1994b) oraz łupina owocu (Mayer i in., 1977) są bardzo bogate w elagitaniny i galotaniny. Wcześniej zidentyfikowano kilka glikozydów apigeniny i luteoliny z liści granatu (Nawwar i in., 1994a) oraz hydrolizowalne garbniki punicalagin i punicalin z łupiny granatu (Mayer i in., 1977 i Tanaka i in., 1986).

Gil et al. (2000) podali, że zawartość rozpuszczalnych polifenoli w soku z granatów wahała się w granicach od 0,2% do 0,1%, w tym głównie garbników, garbników elagowych, antocyjanów, katechin, kwasu galusowego i elagowego.

Owoce granatu są spożywane na całym świecie w postaci świeżej, w takich przetworzonych formach jak sok, dżem, olej i suplementy ekstraktu (Gil i in., 2000). Sok z granatów jest naturalnie bogatym źródłem polifenoli i innych przeciwutleniaczy, w tym punicalaginy (PA), kwasu elagowego (EA), galotanin, antocyjanów i innych flawonoidów. Nasiona granatu są bogatym źródłem błonnika pokarmowego, pektyn i cukrów. Suszone nasiona granatu zawierają estrogen steroidowy estron i fitoestrogeny genisteinę, daidzeinę i kumestrol. Zawierają również aminokwasy, takie jak kwas glutaminowy i asparaginowy. Sok z granatów jest również bogaty w witaminy i minerały, takie jak witaminy E, C i B5, żelazo, potas i wapń.

Granat jest bogaty w różnorodne flawonoidy, które stanowią około 0,2% do 1,0% owocu. Około 30% wszystkich antocyjanidyn występujących w granacie jest ograniczone do skórki. Związki polifenolowe, a także flawonoidy i garbniki są obfite w skórkach owoców dziko rosnących w porównaniu z owocami uprawnymi (Singh i in., 2002).

Sok i skórka granatu zawierają znaczne ilości polifenoli, takich jak garbniki elagowe, kwas elagowy i kwas galusowy (Loren i in., 2005).

Sok z granatów (PJ) składa się wyłącznie ze zmiażdżonych owoców. Świeży sok zawiera 85% wilgoci, 10% cukrów ogółem, 1,5% pektyn, a także przeciwutleniacze, takie jak kwas askorbinowy i polifenole. Zawartość rozpuszczalnych polifenoli w PJ waha się w granicach 0,2%-1,0%, w zależności od odmiany, i obejmuje głównie antocyjany (takie jak cyjanidyno-3-glikozyd, cyjanidyno-3, 3-diglikozyd i delfindyno-3-glikozyd) i antooksantyny (takie jak katechiny, garbniki elagowe oraz kwasy galusowy i elagowy). Kwas elagowy i hydrolizowalne elagitaniny są zaangażowane w ochronę przed miażdżycą, wraz z ich silną zdolnością przeciwutleniającą. Punicalagin jest główną elagitaniną w PJ, a związek ten jest odpowiedzialny za wysoką aktywność przeciwutleniającą PJ (Ben Nasr i in., 1996; Gil i in., 2000 i Tzulker i in., 2007).

Analiza tożsamości związków bioaktywnych wykazała, że grupa polifenoli elagitaniny (ET) znacząco przyczynia się do korzystnego dla zdrowia działania soku z granatów (PJ). PJ miał najwyższe stężenie ET niż jakikolwiek inny powszechnie spożywany sok. Co więcej, PJ zawierał unikalną ET, punicalaginę, która jest najobficiej występującym rozpuszczalnym związkiem w skórkach granatu i jest odpowiedzialna za ponad 50% silnej aktywności przeciwutleniającej soku (Gil i *in., 2000 i Adams* i in., *2006). PJ wyekstrahowany z całego owocu zawierał również wysoką zawartość kwasów galusowego, elagowego i galusowego, które wykazują znaczące działanie przeciwutleniające (Gil* i in., *2000 i Aviram* i in., *2008).*

Granaty cieszą się dużym zainteresowaniem w ostatnich latach ze względu na ich obfite bioaktywne związki naturalne, takie jak witamina C, flawonoidy, galotaniny, cyjanidyna, pelargonidyna, glikozydy delphinidin (Gil et al., 2000; Seeram et al., 2006; Tzulker et al., 2007 i Mousavijenad et al., 2009).

W granacie zidentyfikowano wcześniej sześć antocyjanów, które stanowią większość pigmentu skórki i łupiny (3-glukozyd delfinidyny i 3,5-diglukozyd, 3-glukozyd cyjanidyny i 3,5-diglukozyd oraz 3-glukozyd pelargonidyny i 3,5-diglukozyd). Podczas gdy zdolność przeciwutleniająca, która jest skorelowana z obecnością związków fenolowych, jest ważna w ocenie owoców pod kątem potencjalnych korzyści zdrowotnych (Gil i in., 2000 oraz Alighourchi i Barzegar, 2009).

Tehranifar et al. (2010) podali, że całkowita zawartość rozpuszczalnych substancji stałych wahała się od 11,0 do 15,42 °Brix, wartości pH od 2,87 do 4,36, kwasowość miareczkowa od 0,38 do 1,52 g/100 g świeżej masy, całkowita zawartość cukrów od 6.9 do 21,4 g/100 g świeżej masy, całkowita zawartość antocyjanów od 5,54 do 26,9 mg/100 g świeżej masy, kwas askorbinowy od 7,19 do 15,5 mg/100 g świeżej masy i całkowita zawartość fenoli od 159,8 do 984,2 mg/100 g świeżej masy. Aktywność przeciwutleniająca soku z granatów, określona w testach 1,1-difenylo-2-pikrylohydrazylowych, wynosiła od 16,0 do 54,4%. Ponadto aktywność przeciwutleniająca była dodatnio skorelowana z całkowitą zawartością fenoli ($r = 0,95$), całkowitą zawartością antocyjanów ($r = 0,90$) i kwasem askorbinowym ($r = 0,75$).

Skórki granatu stanowią cenny odpad przemysłu spożywczego, ponieważ zawierają związki bioaktywne, zwłaszcza polifenole, które są ekstrahowane z materiałów roślinnych za pomocą rozpuszczalników organicznych (Qam i Hi§il, 2010).

Owoce granatu są bogate w związki polifenolowe, w tym izomery punicalaginy, pochodne kwasu elagowego i antocyjany (delphinidin, cyanidin i pelargonidin 3-glukozydy i 3,5-diglukozydy) (Elango et al., 2011).

Prakash i Prakash (2011) wykazali znaczące różnice w kwasach organicznych, związkach fenolowych, cukrach, witaminach rozpuszczalnych w wodzie i składzie mineralnym granatów.

Mena et al. (2012) opisali granat (Punica granatum L.) jako bogate źródło (poli) składników fenolowych, o szerokiej gamie różnych struktur (kwasy fenolowe, flawonoidy i hydrolizowalne taniny) i szybkiej, wysokiej przepustowości. Wciąż brakuje dokładnego badania przesiewowego jego pełnego profilu. Zoptymalizowano metodę separacji ultra wysokosprawnej chromatografii cieczowej (UHPLC) i liniowej spektrometrii masowej pułapki jonowej (MSn) frakcji fenolowej soku z granatów, porównując kilka różnych warunków analitycznych. Określono najlepsze rozwiązania dla kwasów fenolowych, antocyjanów, flawonoidów i elagitanin, a ponad 70 związków zostało zidentyfikowanych i w pełni scharakteryzowanych w czasie krótszym niż jedna godzina. Dwadzieścia jeden związków zostało wstępnie wykrytych po raz pierwszy w soku z granatów.

Ullah et al. (2012) podali, że wyniki analizy granatu wykazały, że zawartość wilgoci (04 ± 0,22%), popiół (05 ± 0,14%), tłuszcz (9,4 ± 0,1%), pH (3,75 ± 0,2), TSS (0,7 ± 0,04%), kwasowość (4.86 ± 0,5%), włókno surowe (21 ± 0,6%), cukry ogółem (31,38 ± 0,3%), cukry redukujące (30,40 ± 0,11%), cukry nieredukujące (0,98 ± 0,12%), azot (1,395 ± 0,30%) i białko (8,719 ± 0,10%). Zawartość składników mineralnych została określona poprzez analizę próbek granatu pod kątem zawartości sodu, potasu, żelaza, manganu i cynku, odpowiednio 1100 ± 0,4, 10000 ± 0,6, 60,5 ± 0,2, 4,5 ± 0,8 i 4,0 ± 0,65 ppm.

Sok z granatów zawiera szereg potencjalnych związków aktywnych, w tym kwasy organiczne, witaminy, cukry i składniki fenolowe. Składniki fenolowe obejmują kwasy fenolowe: głównie kwasy hydroksybenzoesowe (takie jak kwas galusowy i kwas elagowy) (Amakura i in., 2000); kwasy hydroksycynamonowe (takie jak kwas kawowy i kwas chlorogenowy) (El-falleh i in., 2011); antocyjany, w tym glikozylowane formy cyjanidyny, delfinidyny i pelargonidyny (Fanali i in., 2011 oraz

Krueger, 2012) oraz galotaniny i elagitaniny (Amakura et al., 2000). Ponadto sok z granatów zawiera glukozę, fruktozę, wodę i kwasy organiczne (w tym kwas askorbinowy i cytrynowy) (Krueger, 2012). Jednak stężenie i zawartość tych związków różnią się w zależności od regionu uprawy, klimatu, praktyki uprawy i warunków przechowywania (Pande i Akoh, 2009; El-falleh i in., 2011 i Legua i in., 2012).

Viuda-Martos et al. (2012) wspomnieli o składzie proksymalnym soku z granatów. Wyniki wykazały wyższą zawartość białka, tłuszczu i popiołu w soku z granatów wyekstrahowanym tylko z pestek (AB) ($p < 0,05$) niż w soku z granatów wyekstrahowanym z pestek i skórek (WFB). Jednakże, całkowita zawartość błonnika pokarmowego, nierozpuszczalnego błonnika pokarmowego i rozpuszczalnego błonnika pokarmowego była wyższa w próbkach WFB (odpowiednio 50,3, 30,4 i 19,9 g/100 g s.m.) niż w próbkach AB (45,6, 29,0 i 16,6 g/100 g s.m.). AB wykazywał pH 4,40, podczas gdy WFB wykazywał pH 4,5. AB i WFB wykazywały zdolność zatrzymywania wody odpowiednio 4,5 i 4,9 g wody / g s.m., podczas gdy zdolność zatrzymywania oleju wynosiła 5,9 g oleju / g s.m. dla próbki AB i 5,9 g oleju / g s.m. dla WFB. Sproszkowane produkty uboczne granatu mogą być uważane za potencjalny funkcjonalny składnik produktów spożywczych.

Kaneria et al. (2012) wspomnieli, że liść granatu wyróżnia się jako źródło bogate w polifenole, wykazujące wysoki poziom flawonoidów i garbników, takich jak punicalina, pedunculagan, kwas galusowy, kwas elagowy i jego estry glukozy.

Radunic' et *al.* (2015) ocenili właściwości fizyczne i chemiczne ośmiu odmian granatu (siedmiu odmian i jednego dzikiego genotypu) zebranych z regionu śródziemnomorskiego Chorwacji. Odmiany wykazały dużą zmienność pod względem masy i wielkości owoców, właściwości kielicha i skórki, liczby zawiązków na owoc, całkowitej masy zawiązków oraz wydajności zawiązków i soku. Oceniono zmienne definiujące słodki smak, takie jak niska kwasowość całkowita (TA; 0,370,59%), wysoka całkowita zawartość rozpuszczalnych substancji stałych (TSS; 12,5-15,0%) i ich stosunek (TSS/TA), a wyniki były ogólnie zgodne z klasyfikacjami słodkości owoców. Owoce granatu charakteryzowały się dużą zmiennością całkowitej zawartości fenoli (1985,6

2948,7 mg/l).

Analiza HPLC wykazała obecność katechiny, a następnie kwasu chlorogenowego w acetonowym ekstrakcie ze skórki granatu, podczas gdy obecność kwasu chlorogenowego, a następnie kwasu kawowego w metanolowym ekstrakcie ze skórki granatu (Mutreja i Kumar, 2015).

Owoc granatu zawiera bogatą różnorodność polifenoli, takich jak antocyjany, galotaniny, pochodne kwasów hydroksycynamonowych, kwasy hydroksybenzoesowe i hydrolizowalne garbniki (takie jak Punicalagin, który jest unikalny dla granatu i jest częścią rodziny elagitanin) oraz estry galagowe (Akhtar i in., 2015).

Ekstrakty ze skórki granatu, takie jak wodny, etanolowy, chloroformowy, acetonowy i eter naftowy, zostały ocenione pod kątem zawartości garbników z kwasem garbnikowym jako standardem. Optymalną wydajność garbników stwierdzono w etanolowym ekstrakcie ze skórki (87,3 mg TAE / g) Punica granatum (Sumathi i in., 2015).

3. Badania fitochemiczne granatu

Jadalna część owocu granatu zawiera znaczne ilości kwasów, cukrów, witamin, polisacharydów, polifenoli i ważnych minerałów (Gil et al., 2000 i Kulkarni et al., 2004).

W tego rodzaju ekstraktach zidentyfikowano pewne substancje, takie jak cukry redukujące, śluzy, glikozydy, fenole, garbniki, flawonoidy, barwniki antocyjanowe i alkaloidy (Mertens-Talcott i in., 2006).

Granat jest bogaty w przeciwutleniacze z klasy polifenoli, które obejmują taniny i antocyjany oraz flawonoidy (Ricci et al., 2006 i De Nigris et al., 2007).

Wstępne badania fitochemiczne wodnego ekstraktu ze skórek granatu dały pozytywne wyniki dla tanin, flawonoidów i alkaloidów (Qnais et al., 2007).

Barzegarl i wsp. (2007) badali ekstrakt ze skórki Punica granatum i odnotowali znaczne ilości polifenoli, takich jak garbniki elagowe, kwas elagowy i kwas galusowy. Wstępne badania fitochemiczne wodnego ekstraktu ze skórek Punica granatum dały pozytywne wyniki dla garbników, flawonoidów i alkaloidów i wykazały, że wodny ekstrakt ze skórek Punica granatum może zawierać pewne biologicznie aktywne składniki, które mogą być podstawą jego tradycyjnego stosowania.

Prace Machado et al. (2003); Voravuthikunchai et al. (2004) i Al-Zoreky, (2009) wykazały, że skórki granatu były bogate w taniny.

Rośliny są zawsze bogatym źródłem związków, które nie wydają się niezbędne dla pierwotnego metabolizmu, w tym tysięcy metabolitów wtórnych i kilku makrocząsteczek, takich jak peptydy, białka, enzymy, lignina i celuloza. Spożywanie diety roślinnej lub bogatej w fitochemikalia wiąże się ze zmniejszonym ryzykiem przewlekłych chorób u ludzi, takich jak niektóre rodzaje nowotworów, stany zapalne, choroby sercowo-naczyniowe i neurodegeneracyjne (Kong i in., 2003 i Beretta i in., 2009). Dlatego chemia i biologia fitochemikaliów ma ogromne znaczenie dla oceny ich potencjalnych korzyści zdrowotnych dla ludzi ((El- falleh et al., 2011).

Badanie fitochemiczne metanolowego ekstraktu z liści wykazało obecność węglowodanów, cukrów redukujących, steroli, glikozydów, fenoli, garbników, flawonoidów, białek i saponin, podczas gdy gumy nie zostały wykryte. Całkowity potencjał antyoksydacyjny ekstraktów metanolowych i wodnych wynosił odpowiednio 2,26 i 1,06 mg ekwiwalentu kwasu askorbinowego na ml ekstraktu (Hegde et al., 2012).

Obecność różnych fitochemikaliów z etanolowych, wodnych i chloroformowych ekstraktów ze skórek granatu, całych owoców i nasion badano za pomocą

Bhandary et al. (2012). Trzy różne ekstrakty ze skórek zawierały triterpenoidy, steroidy, glikozydy, flawonoidy, garbniki, węglowodany i witaminę C. Trzy różne ekstrakty z całych owoców zawierały triterpenoidy, steroidy, glikozydy, saponiny, alkaloidy, flawonoidy, garbniki, węglowodany i witaminę C. Trzy różne ekstrakty z nasion zawierały triterpenoidy, steroidy, glikozydy, saponiny, alkaloidy, garbniki, węglowodany i witaminę C. Wygenerowane dane z trzech różnych ekstraktów ze skórek, całych owoców i nasion granatu dostarczyły podstaw do jego szerokiego zastosowania w medycynie tradycyjnej i ludowej.

Caliskan i Bayazit (2012) wykryli różnorodność właściwości fitochemicznych wśród 76 odmian granatu uprawianych we wschodnim regionie Morza Śródziemnego w Turcji. Wyniki wykazały, że analizowane odmiany granatu wykazywały zmienne profile fenoli (TP), całkowitej zawartości antocyjanów (TA) i całkowitej pojemności przeciwutleniającej (TAC) w zależności od koloru owocni i grupy indeksu dojrzałości.

Granat zawiera garbniki, fenole i flawonoidy, które mogą bezpośrednio lub pośrednio zmniejszać uszkodzenia oksydacyjne poprzez zapobieganie nadmiernemu wytwarzaniu wolnych rodników (Al Olayan i in., 2014).

Sangeetha i Jayaprakash (2015) ocenili fitochemiczne składniki ekstraktów ze skórki *Punica granatum* L. i stwierdzili, że wszystkie badane składniki fitochemiczne były obecne w wodnym ekstrakcie ze skórki Punica granatum z wyjątkiem glikozydów i antocyjanów. Zauważono, że etanolowy ekstrakt ze skórki *Punica granatum* wykazał obecność wszystkich składników fitochemicznych z wyjątkiem garbników, glikozydów i antocyjanów. Chloroformowy ekstrakt ze skórki wykazał obecność tylko 6 składników fitochemicznych z 13. Ekstrakt eteru naftowego ze skórki *Punica granatum* wykazał obecność samych saponin i fenoli. Wszystkie badane składniki fitochemiczne były obecne w acetonowym ekstrakcie ze skórki *Punica granatum* z wyjątkiem alkaloidów, saponin i antocyjanów.

Badania fitochemiczne różnych ekstraktów ze skórki granatu przy użyciu wody, etanolu, chloroformu, acetonu i eteru naftowego wykazały obecność garbników, saponin, fenoli, flawonoidów, glikozydów nasercowych, terpenoidów, alkaloidów i steroidów (Sumathi i in., 2015).

4. Wpływ granatu na niektóre choroby

Chociaż szerokie korzyści terapeutyczne granatu można przypisać kilku mechanizmom, większość badań koncentrowała się na jego właściwościach przeciwutleniających, przeciwnowotworowych i przeciwzapalnych. Odrębne badanie na szczurach z uszkodzeniem wątroby wywołanym CCl_4 wykazało, że wstępne leczenie ekstraktem ze skórki granatu zwiększyło lub utrzymało aktywność zmiatania wolnych rodników enzymów wątrobowych katalazy, dysmutazy ponadtlenkowej i peroksydazy oraz spowodowało 54-procentowe zmniejszenie wartości peroksydacji lipidów w porównaniu z grupą kontrolną (Chidambara i in., 2002).

W medycynie ajurwedyjskiej granat jest uważany za "aptekę samą w sobie" i jest stosowany jako środek przeciwpasożytniczy (Naqvi i in., 1991), "tonik krwi" (Lad i Frawley,

1986) oraz do leczenia aft, biegunki i wrzodów. (Caceres i in., 1987). Granat służy również jako lekarstwo na cukrzycę w systemie medycyny Unani praktykowanym na Bliskim Wschodzie i w Indiach (Saxena i Vikram, 2004).

De Nigris et al. (2005) wskazali, że sok z granatu rzeczywiście posiada imponujące właściwości antyoksydacyjne dzięki zawartości polifenoli, tanin i antocyjanów. Utlenianie LDL jest kluczowym czynnikiem w tworzeniu się płytki nazębnej w tętnicach, zwanej również miażdżycą. Jednym z najlepszych sposobów obrony przed szkodliwymi przeciwutleniaczami.

Spożywanie granatu wiąże się z korzystnymi skutkami zdrowotnymi, takimi jak zapobieganie utlenianiu lipoprotein o niskiej i wysokiej gęstości, ciśnienie krwi, stany zapalne, miażdżyca, rak prostaty, choroby serca i inne.

HIV-1 (Aviram et al., 2004; Malik et al., 2005; Neurath et al., 2005 i Rosenblat et al., 2006).

Wykazano, że zdolność antyoksydacyjna soku z granatów jest trzykrotnie wyższa niż czerwonego wina i zielonej herbaty, w oparciu o ocenę zdolności soków do wychwytywania wolnych rodników i redukcji żelaza (Gil i in., 2000). Wykazano również, że sok z granatów indukował znacznie wyższe poziomy przeciwutleniaczy w porównaniu do powszechnie spożywanych soków owocowych, takich jak sok winogronowy, żurawinowy, grejpfrutowy lub pomarańczowy (Azadzoi et al., 2005 i Rosenblat et al., 2006).

Potencjalne właściwości terapeutyczne granatu są szerokie i obejmują leczenie i zapobieganie nowotworom, chorobom układu krążenia, cukrzycy, chorobom zębów i ochronę przed promieniowaniem ultrafioletowym (UV). Inne potencjalne zastosowania obejmują niedokrwienie mózgu niemowląt, chorobę Alzheimera, niepłodność męską, zapalenie stawów i otyłość (Saxena i Vikram, 2004 oraz Lansky i Newman, 2007).

Liczne badania dotyczące przeciwutleniających, przeciwnowotworowych i przeciwzapalnych właściwości składników granatu zostały opublikowane przez Jurenkę (2008). Prace tego autora koncentrowały się na leczeniu i zapobieganiu nowotworom, chorobom układu krążenia, cukrzycy, chorobom zębów, zaburzeniom erekcji, infekcjom bakteryjnym i oporności na antybiotyki oraz uszkodzeniom skóry wywołanym promieniowaniem ultrafioletowym.

Kilka badań wykazało znaczenie granatu w leczeniu niektórych chorób. Na przykład, granat był szeroko stosowany jako tradycyjna medycyna w wielu krajach w leczeniu czerwonki, biegunki, robaczycy, kwasicy, krwotoku i patologii układu oddechowego (Choi et al., 2011). Dodatkowo, roślina ta ma doskonałe właściwości przeciwbakteryjne, przeciwgrzybicze, przeciwpierwotniakowe i przeciwutleniające (Dahham i in., 2010; Inabo i Fathuddin, 2011 i Moussa i in., 2011).

Granat (Punica granatum L.) jest powszechnie stosowany w medycynie tradycyjnej ze względu na swoje właściwości farmakologiczne, takie jak działanie przeciwzapalne, antyhepatotoksyczne, antylipoperoksydacyjne, przeciwcukrzycowe, przeciwnowotworowe i przeciwbakteryjne (Cavalcanti et al., 2012).

Granat (Punica granatum L.) jest szeroko stosowany w medycynie tradycyjnej ze względu na swoje właściwości terapeutyczne (Kaneria et al., 2012). Coraz więcej badań donosi o potencjalnie korzystnym wpływie granatu na zdrowie człowieka (Johanningsmeier i Harris, 2011 oraz Viuda-Martos i in., 2010). Główne funkcje farmakologiczne przypisywane ekstraktom z granatu obejmują działanie anty-LDL-cholesterolowe (Anoosh i in., 2010), antyfibrotyczne (Toklu i in., 2007 i Toklu i in., 2009), przeciwzapalne (Lansky i Newman, 2007 i Lee i in., 2010), antyhepatotoksyczne (Kaur i in., 2006), antylipoperoksydacyjne (Reddy i in., 2007), przeciwcukrzycowe (Huang i in., 2005; Sharma i Arya, 2010), 2005; Sharma i Arya, 2011 oraz Das i Barman, 2012), przeciw otyłości (Lei i in., 2007 oraz Al-Muammar i Khan, 2012), przeciwnowotworowe (Adhami i Mukhtar, 2006; Khan i in..., 2007; Khan i Mukhtar, 2007 oraz Lansky i Newman, 2007), przeciwwirusowe (Su i in., 2010 i 2011), przeciwbakteryjne (Nair i Chanda, 2005) i przeciwgrzybicze (Johann i in., 2008 oraz Endo i in., 2010).

Powszechnie wiadomo, że granat wykazuje działanie przeciwwirusowe, przeciwutleniające, przeciwcukrzycowe, przeciwbiegunkowe, przeciwnowotworowe i antyproliferacyjne (Faria et al., 2006; Abdel Moneim, 2012 i Abdel Moneim et al., 2013).

Metanolowy ekstrakt ze skórek granatu (MEPP) i sok z granatu (PJ) oceniano u normalnych samców szczurów. MEPP i PJ spowodowały wysoki wzrost męskich hormonów płciowych, takich jak testosteron, hormon folikulotropowy i hormon luteinizujący. Uzyskane wyniki wykazały, że MEPP i PJ mogą zawierać pewne biologicznie aktywne składniki, które mogą być aktywne przeciwko stresowi oksydacyjnemu, co może być podstawą ich tradycyjnego stosowania w zwalczaniu toksyn środowiskowych (Dkhil i in., 2013).

Skórki granatu znane są z wysokiej zawartości składników odżywczych, takich jak witaminy A, B6, C, E, kwas foliowy, potas i kwas szczawiowy (Ramadan et al., 2009). Oprócz wartości odżywczych, skórki granatu były stosowane jako środek przeciwmiętowy, przeciw zapaleniu tchawicy i oskrzeli, do leczenia ran, owrzodzeń, siniaków, zapalenia jamy ustnej, biegunki, zapalenia pochwy i nadmiernego krwawienia (Ross, 2003).

Rosenblot i wsp. (2006) zbadali wpływ spożycia soku z granatów (który zawiera cukry i silne przeciwutleniacze) przez pacjentów z cukrzycą na parametry cukrzycowe krwi oraz na stres oksydacyjny w ich surowicy i makrofagach. Zaobserwowano zwiększony poziom nadtlenków komórkowych o 36% i zmniejszoną zawartość glutationu o 64%. Spożywanie soku z granatów znacząco zmniejszyło poziom nadtlenków komórkowych o 71% i zwiększyło poziom glutationu o 141% u pacjentów.

Badania przeprowadzone na ludziach wykazały, że sok z miąższu granatu (PPJ) ma lepszą zdolność antyoksydacyjną niż sok jabłkowy. Guo i wsp. (2008) stwierdzili, że 250 ml PPJ dziennie przez cztery tygodnie podawane zdrowym osobom w podeszłym wieku zwiększyło zdolność antyoksydacyjną osocza z 1,33 mmol do 1,46 mmol, podczas gdy osoby spożywające sok jabłkowy nie doświadczyły znaczącego wzrostu zdolności antyoksydacyjnej. Ponadto osoby spożywające PPJ wykazywały znacznie zmniejszoną zawartość karbonylu w osoczu (biomarker upośledzenia bariery oksydacyjno-antyoksydacyjnej w różnych chorobach zapalnych) w porównaniu z osobami przyjmującymi sok jabłkowy (Guo i in., 2008).

Można stwierdzić, że granat wykazuje działanie ochronne przed genotoksycznością i hepatotoksycznością CCl4 w modelach zwierzęcych. Ten efekt ochronny można przypisać jego działaniu przeciwutleniającemu i zmiatającemu wolne rodniki (Abdou et al., 2012).

Wyniki badań Orgil i wsp. (2014) wykazały, że w różnych tkankach istnieją pozytywne zależności między wysokimi poziomami całkowitej zawartości fenoli (TPC), punicalaginy i kwasu galusowego a aktywnością przeciwutleniającą i hamującą proliferację MCF-7. Niejadalne części owoców, a mianowicie skórki i blaszki, wykazywały znacznie wyższe poziomy tych związków niż części jadalne, czemu towarzyszyła wyższa aktywność antyproliferacyjna.

Lansky i Newman (2007) wspomnieli, że stosowanie soku, skórki i oleju z granatu wykazało działanie przeciwnowotworowe, w tym ingerencję w proliferację komórek nowotworowych, cykl komórkowy, inwazję i angiogenezę. Może to być związane z roślinnym działaniem przeciwzapalnym. Fitochemia i działanie farmakologiczne wszystkich składników granatu sugerują szeroki zakres zastosowań klinicznych w leczeniu i zapobieganiu nowotworom, a także innym chorobom, w których uważa się, że przewlekły stan zapalny odgrywa istotną rolę etiologiczną.

Owoc granatu okazał się bardzo obiecującym środkiem przeciwnowotworowym w przypadku raka płuc (Khan i in., 2007), prostaty (Paller i in., 2013), skóry (Afaq i in., 2003), okrężnicy (Adams i in., 2006) i raka piersi (Kim i in., 2002), który został poddany badaniom klinicznym II fazy w raku prostaty (Adhami i in., 2009 i Paller i in., 2013). Wspomniani wyżej naukowcy wykazali, że surowe ekstrakty z soku z granatu indukowały apoptozę i hamowały cykl komórkowy w wielu liniach komórkowych białaczki, które wykazywały większą wrażliwość niż komórki kontrolne bez nowotworu.

Hong i wsp. (2008) donieśli, że ekstrakty z granatu hamowały wzrost komórek nowotworowych i ingerowały w ich czynniki genetyczne, prowadząc ostatecznie do śmierci. Polifenole granatu hamowały ekspresję genów w niezależnych od androgenów komórkach raka prostaty. Doniesiono, że sok z granatów zwiększa produkcję przeciwutleniaczy w spermie, co poprawia jej jakość (Turk i in., 2008).

Adhami et al. (2009) wykazali, że granat selektywnie hamował wzrost raka piersi, prostaty, okrężnicy i płuc w hodowli komórkowej i modelach zwierzęcych.

Elango et al. (2011) wspomnieli, że Punica granatum (PG) ma działanie przeciwnowotworowe na różne typy komórek nowotworowych, a te bogate we flawonoidy frakcje fenolowe granatu są odpowiedzialne za aktywność przeciwnowotworową. Pomimo wysokiego stężenia antocyjanidyn w skórce, dostępna literatura dotycząca potencjału przeciwnowotworowego granatu koncentruje się głównie na soku owocowym lub nasionach, a bardzo niewiele danych jest dostępnych na temat skórki granatu.

Granaty okazały się bardzo obiecujące jako środki przeciwnowotworowe w wielu nowotworach, w tym w badaniach klinicznych nad rakiem prostaty (Dahlawi i in., 2013). Autorzy ci wykazali, że sok z granatów (PGJ) indukuje apoptozę i preferencyjnie zmienia cykl komórkowy w liniach komórkowych białaczki w porównaniu z komórkami kontrolnymi bez nowotworu.

Modaeinama et al. (2015) wykazali, że niskie dawki metanolowego ekstraktu ze skórki granatu (PPE) wywierają silne działanie antyproliferacyjne w różnych ludzkich komórkach nowotworowych i wydaje się, że komórki gruczolakoraka piersi MCF-7 są najbardziej komórkami, a komórki raka jajnika SKOV3 są najmniej wrażliwe pod tym względem.

Wpływ granatu i tamoksyfenu na marker nowotworowy raka piersi (CA 15-3), enzym aromatazy, trójglicerydy (TG), cholesterol i dehydrogenazę mleczanową (LDH) u kobiet po mastektomii został zbadany przez Qasim et al. (2013). Wyniki wskazywały, że poziom markerów nowotworowych był znacząco podwyższony u kobiet nieleczonych, podczas gdy markery nowotworowe były znacząco obniżone zarówno w grupie stosującej granat i tamoksyfen, jak i w grupie stosującej tamoksyfen. Ponadto poziom aromatazy i cholesterolu był znacząco obniżony w grupie otrzymującej połączenie granatu i tamoksyfenu w porównaniu z pozostałymi dwiema grupami. Poziom LDH był znacząco obniżony zarówno w grupie tamoksyfenu, jak i kombinacji granatu i tamoksyfenu w porównaniu z grupą nieleczoną. Jednak poziom TG pozostał niezmieniony we wszystkich grupach.

Wyniki badań Ming i *wsp.* (2014) wykazały, że ekstrakty z granatu (POM) (012 pg/ml) zmniejszały produkcję testosteronu, DHT, DHEA, androstendionu, androsteronu i pregnenolonu w obu liniach komórkowych. Ponadto ich dane potwierdziły tę obserwację, zmniejszając stężenie steroidów w surowicy po 20 tygodniach leczenia POM (0,17 g / l w wodzie pitnej). Zgodnie z tymi wynikami, Western blotting lizatów komórkowych i analiza całkowitego antygenu specyficznego dla prostaty (tPSA) wykazały, że PSA było znacznie zmniejszone przez leczenie POM. Co ciekawe, wykazano, że przeciwciało AKR1C3 i poziomy receptora androgenowego (AR) były zwiększone w obu liniach komórkowych, być może jako efekt ujemnego sprzężenia zwrotnego w odpowiedzi na hamowanie steroidów. Ogólnie rzecz biorąc, wyniki te dostarczają mechanistycznych dowodów wspierających uzasadnienie ostatnich doniesień klinicznych opisujących skuteczność POM u pacjentów z rakiem prostaty opornym na kastrację (CRPC).

Badanie Aviram i Dornfeld (2001) wykazało 5% spadek skurczowego ciśnienia krwi przy codziennym spożywaniu 50 ml soku z granatów (PJ) przez dwa tygodnie. Badano zarówno mężczyzn, jak i kobiety, a każdy z uczestników stosował farmakologiczną terapię przeciwnadciśnieniową. Obniżone ciśnienie krwi mogło wynikać z bezpośredniej interakcji PJ z enzymem konwertującym angiotensynę (ACE) w surowicy, ale nie stwierdzono znaczącego zmniejszenia aktywności ACE w surowicy.

Inne badania wykazały, że sok z granatu może być skuteczny w walce z rakiem prostaty i chorobą zwyrodnieniową stawów (Seeram et al., 2007). Wcześniejsze odkrycia dotyczące aktywności przeciwgrypowej ekstraktów z Punica granatum dały wsparcie dla zastosowań etnofarmakologicznych (Zhang i in., 1995 i Neurath i in., 2004).

Kwas elagowy wykazuje silne właściwości przeciwnowotworowe (Falsaperla i in., 2005) i przeciwutleniające (Hassoun i in., 2004). Kwas elagowy w połączeniu z innymi flawonoidami, takimi jak kwercetyna, potwierdził tę tezę (Mertens-Talcott i Percival, 2005 i Mertens-Talcott i in., 2005). Badania Lansky'ego potwierdziły, że synergistyczne działanie kilku składników granatu jest lepsze od kwasu elagowego w hamowaniu raka prostaty (Lansky i in., 2005).

Stwierdzono, że sok z granatów skutecznie zmniejsza czynniki ryzyka chorób serca i miażdżycy, w tym utlenianie LDL i stan oksydacyjny makrofagów (Aviram i in., 2000).

U ludzi spożywanie soku z granatów zmniejszało podatność LDL na agregację i retencję oraz zwiększało aktywność paraoksonazy w surowicy (esterazy związanej z HDL, która może chronić przed peroksydacją lipidów) o 20%. U myszy z niedoborem E (E0) utlenianie LDL przez makrofagi otrzewnowe było zmniejszone nawet o 90% po spożyciu soku z granatów, a efekt ten był związany ze zmniejszoną peroksydacją lipidów komórkowych i uwalnianiem ponadtlenku. Wychwyt utlenionego LDL i natywnego LDL przez mysie makrofagi otrzewnowe uzyskany po podaniu soku z granatów był zmniejszony o 20%. Wreszcie, suplementacja sokiem z granatów myszy E0 zmniejszyła rozmiar ich zmian miażdżycowych o 44%, a także liczbę komórek piankowatych w porównaniu z kontrolnymi myszami E0 suplementowanymi wodą (Aviram i in., 2000).

Polifenole granatu - punicalagina, kwas galusowy i w mniejszym stopniu kwas elagowy

- zwiększały ekspresję i wydzielanie paraoksonazy-1 w hepatocytach w sposób zależny od dawki, zmniejszając tym samym ryzyko rozwoju miażdżycy (Khateeb i in., 2010).

Podawanie surowego proszku z łupin granatu zmniejszyło stężenie glukozy, trójglicerydów, cholesterolu-LDL, cholesterolu, VLDL-cholesterolu i podniosło poziom cholesterolu HDL i zawartość hemoglobiny we krwi zarówno grupy I normalnych, jak i grupy III szczurów z cukrzycą alloksanową (Radhika i in., 2011).

Garbniki z owocni granatu wykazywały aktywność przeciwwirusową przeciwko wirusowi opryszczki narządów płciowych (Zhang i in., 1995). Wykazano również, że ekstrakt ze skórki granatu jest silnym środkiem wirusobójczym (Stewart i in., 1998) i był stosowany jako składnik preparatów przeciwgrzybiczych i przeciwwirusowych (Jassim, 1998). Granat był również stosowany jako część preparatów grzybobójczych (Jia i Zia, 1998).

Kilku naukowców wykazało, że części botaniczne granatu indukowały aktywność przeciw mikroorganizmom. Na przykład Al-Zoreky (2009) stwierdził, że 80% metanolowy ekstrakt ze skórek (WME) był silnym inhibitorem Listeria monocytogenes, S. aureus, Escherichia coli i Yersinia enterocolitica. Minimalne stężenie hamujące (MIC) WME przeciwko Salmonella enteritidis było najwyższe (4 mg/ml). WME spowodował redukcję L. monocytogenes o N1 log10 w żywności (ryby) podczas przechowywania w temperaturze 4 °C. Analizy fitochemiczne wykazały obecność aktywnych inhibitorów w skórkach, w tym fenoli i flawonoidów. Aktywność WME była związana z wyższą zawartością (262,5 mg/g) fenoli ogółem.

Kora i liście owocu Pomegranate Linn były kolejno macerowane heksanem, octanem etylu, metanolem i wodą. Ekstrakty zostały przetestowane in vitro pod kątem aktywności przeciwko standardowym szczepom drobnoustrojów i izolatom klinicznym. Określono strefy zahamowania, minimalne stężenie hamujące (MIC), minimalne stężenie bakteriobójcze (MBC) i minimalne stężenie grzybobójcze (MFC). Badanie przeciwdrobnoustrojowe in vitro wykazało, że ekstrakt wykazywał różną aktywność przeciwko różnym drobnoustrojom ze strefami zahamowania w zakresie od 1434 mm, MIC w zakresie od 0,625-10 mg / ml i MBC / MFC od 1,25 do 10 mg / ml dla wrażliwych organizmów w badanych stężeniach. Najwyższa aktywność miała MIC 0,625 mg/ml i MBC 1,25 mg/ml. Zaobserwowana aktywność może być spowodowana obecnością niektórych metabolitów wtórnych, takich jak alkaloidy, antrachinony, sterole, glikozydy, saponiny, terpeny i flawonoidy wykryte w roślinie (Omoregie et al., 2010).

Owocnia (skórki) granatu była powszechnie stosowana jako surowy lek w tradycyjnej medycynie indyjskiej w leczeniu biegunki, a także jako środek przeciw robakom, moczopędny, żołądkowy, kardiotoniczny (Khan i Hanee, 2011). Właściwości przeciwbakteryjne ekstraktów z owocni granatu (skórki) (gorący wodny, metanolowy i etanolowy) oceniano wobec E. coli, P. aeruginosa i S. aureus przy użyciu metody dyfuzyjnej w agarze. Gorące wodne, metanolowe i etanolowe ekstrakty z granatu wykazały średnią średnicę strefy hamowania wynoszącą odpowiednio 23,3, 22,3 i 24,5 mm, co wskazuje, że ekstrakt etanolowy wykazał najlepszy wynik, mając strefę hamowania (ZOI) większą niż w przypadku standardowego antybiotyku tetracykliny (20,1 mm). Ekstrakt etanolowy z granatu miał najniższy MIC wynoszący 1,45 p,g/ml, co wskazuje, że jest on najbardziej skuteczny w porównaniu z MIC innych ekstraktów.

Badanie nad przeciwbakteryjnym i przeciwgrzybiczym działaniem skórek granatu (Punica granatum L) zostało przeprowadzone przez Ullah et al. (2012) wśród wybranych kultur bakterii i grzybów, najwyższą aktywność przeciwbakteryjną odnotowano wobec Klebsilla pneumoniae, a wśród grzybów wysoką aktywność wobec Aspergillus parasiticus. Ekstrakt ze skórki nie wykazywał aktywności wobec Salmonella typhi, Bacillus cereus i Aspergillus flavus.

Praca Ahirrao i Surywanshi (2013) wykazała, że metanolowy surowy ekstrakt ze skórki owocu granatu wykazywał wyższy stopień aktywności hamującej przeciwko E. coli w wyższym stężeniu (50%), wykazując strefę zahamowania 15,8 mm niż Staphylococcus aureus 15,0 mm i 13,0 mm z Salmonella typhi, odpowiednio. Metanol okazał się bardziej bioaktywny wobec Salmonella typhi i E-coli niż Streptococcus aureus. Podobnie surowy ekstrakt wodny został przetestowany przeciwko powyższym patogenom i okazał się bardziej bioaktywny, wykazując maksymalną strefę zahamowania 8,5 mm przeciwko Staphylococcus aureus przy wyższym stężeniu (50%), a nie innym organizmom testowym, takim jak Salmonella typhi z 7,0 mm i E. coli z 5,3 mm strefą zahamowania.

Surowy ekstrakt ze skórki owocu granatu wykazał aktywność przeciwko dermatofitom Trichophyton mentagrophytes, T. rubrum, Microsporum canis i M. *gypseum,* z wartościami MIC wynoszącymi 125 pg/ml i 250 pg/ml, odpowiednio dla każdego rodzaju. Punicalagin został wyizolowany i zidentyfikowany za pomocą analizy spektroskopowej. Surowy ekstrakt i punicalagin wykazały aktywność przeciwko stadiom konidialnym i hialnym grzybów. Test cytotoksyczności wykazał selektywność dla komórek grzybów niż dla komórek ssaków. Wyniki te wskazywały, że surowy ekstrakt i punicalagin miały większą aktywność przeciwgrzybiczą przeciwko *T. rubrum*, wskazując, że granat jest dobrym celem do badań w celu uzyskania nowego leku przeciw dermatofitom (Foss *et al.*, 2014).

Ekstrakt z liści *Punica granatum* został przetestowany *przeciwko Bacillus subtilis, Staphylococcus aureus* i *Salmonella typhi*. Wynik pokazał, że wodny ekstrakt z liści *Punica granatum* wykazał 100% inhibicję wobec wszystkich testowanych bakterii przy

różne stężenia ekstraktu. Minimalne stężenie hamujące (MIC) wodnego ekstraktu z liści Punica granatum, które wykazało 100% inhibicję, wynosiło 0,36 mg/ml, 0,13 mg/ml i 0,13 mg/ml odpowiednio w przypadku Bacullus subtilis, Staphylococcus aureus i Salmonella typhi (Kumar i in., 2015).

Badania potencjału toksykologicznego ekstraktu ze skórki granatu nie wykazały żadnych efektów toksycznych, objawów klinicznych, efektu histopatologicznego w warstwie komórek nabłonkowych języka, krtani i tchawicy, zmian behawioralnych i działań niepożądanych ani śmiertelności u myszy BALB / c. Wielokrotne podawanie nie zmieniało ani nie powodowało miejscowego podrażnienia błony śluzowej jamy ustnej. Test alergii skórnej był negatywny w ostatniej grupie (Jahromi et al., 2015).

ROZDZIAŁ 3

MATERIAŁY I METODY

1. Próbki roślin

Dojrzałe owoce granatu zostały zebrane w październiku 2013 roku z drzew granatu w gubernatorstwie El-Menia w Egipcie. Próbki dojrzałych owoców granatu zostały zebrane ręcznie z różnych drzew odmiany Wonderful. Roślina została uwierzytelniona przez dr Abdalatifa, profesora nadzwyczajnego Wydziału Ogrodnictwa na Wydziale Rolnictwa Uniwersytetu w Kairze. Angielskie, naukowe i rodzinne nazwy badanej rośliny to: Granat, Punica granatum L. i Lythraceae, odpowiednio.

2. Przygotowanie surowych soków z liści i skórek granatu

Liście i skórki dojrzałych owoców granatu zostały ręcznie obrane i umyte w celu usunięcia niepożądanych materiałów, aby upewnić się, że skórki i liście są czyste przed przejściem do następnego procesu. Nasiona zostały usunięte. Skórki i liście zostały mechanicznie sprasowane za pomocą hydraulicznej prasy laboratoryjnej Carver (Carver model C S/N 37000-156; Fred S. Carver nc, Menomonee Falls, WI, USA, siła podnoszenia 10 t/cal^2 , pojemność 1 kg). Otrzymane surowe soki zostały zagęszczone przy użyciu liofilizatora (Labconco Corporation, Kansas City, M.O. USA) i przechowywane w brązowych butelkach w temperaturze -5 °C do momentu użycia.

3. Olej słonecznikowy

Rafinowany olej słonecznikowy otrzymano od Cairo Oil and Soap Co. (El-Ayat, Giza, Egipt).

4. Substancje chemiczne

Kwas galusowy, odczynnik fenolowy Folin-Ciocalteau, DPPH i BHT zostały zakupione od Sigma Chemical Co. (St Louis, MO, USA). Kwercetyna została zakupiona od Aldrich, Milwaukee, WI, USA. Analityczny metanol klasy odczynnikowej uzyskano od Lab-Scan

(Labscan Ltd, Dublin, Irlandia). Autentyczne związki fenolowe: kwas galusowy, 3-hydroksytyrozol, kwas protokatechowy, katechina, katechol, kwas chlorogenowy, kwas kawowy, kwas wanilinowy, kofeina, kwas ferulowy, oleuropeina i kumaryna (1, 2- benzopiron) zostały zakupione w Sigma Chemical Company (St Louis, MO, USA). Czystość tych związków została sprawdzona za pomocą HPLC, a każdy związek dawał tylko jeden pik. Wszystkie rozpuszczalniki były klasy odczynników analitycznych i redestylowane przed użyciem.

5. Określenie niektórych właściwości chemicznych oleju słonecznikowego

a. Oznaczanie liczby kwasowej (AV)

Wartość kwasową oznaczono zgodnie z metodą A.O.A.C. (940.28, 2000) w następujący sposób: Znaną masę (2 g) oleju rozpuszczono w obojętnym alkoholu etylowym (30 ml). Mieszaninę miareczkowano roztworem wodorotlenku potasu (0,1 N) w obecności fenoloftaleiny jako wskaźnika. Wartość kwasowa jest wyrażona jako mg KOH wymagane do zneutralizowania kwasowości w jednym gramie oleju.

b. Oznaczanie liczby nadtlenkowej (PV)

Wartość nadtlenkową oznaczono zgodnie z metodą A.O.A.C (965.33, 2000). Próbkę oleju o znanej masie (5 g) rozpuszczono w mieszaninie składającej się z lodowatego kwasu octowego: chloroformu (30 ml, 3:2, v/v), następnie dodano świeżo przygotowany nasycony roztwór jodku potasu (1 ml), a następnie wodę destylowaną (30 ml) i powoli miareczkowano roztworem tiosiarczanu sodu (0,1 N) w obecności roztworu skrobi (0,5 ml, 1%) jako wskaźnika. Wartość nadtlenku jest wyrażona jako miliekwiwalent nadtlenków/1 kg oleju.

6. Skład chemiczny surowych soków z liści i skórek granatu

Zawartość wilgoci, popiołu, białka surowego i włókna surowego w skórkach granatu i sokach z liści granatu oznaczono w trzech powtórzeniach zgodnie z procedurami standardowymi AOAC (2000). Oleje surowe i węglowodany ulegające hydrolizie oznaczono zgodnie z metodami Bligh i Dyer (1959) oraz Dubois i in. (1956).

a. Określanie zawartości wilgoci

Zawartość wilgoci w surowych sokach z liści i skórek granatu określono przez ogrzewanie w temperaturze 100 °C ± 5 °C do stałej masy. Utrata masy została uznana za zawartość wilgoci (AOAC, 930.04, 2000).

b. Oznaczanie zawartości popiołu

Zawartość popiołu w surowych sokach z liści i skórek granatu określono przez ogrzewanie w piecu muflowym w temperaturze około 550°C do osiągnięcia stałej masy (AOAC, 930.05, 2000).

c. Oznaczanie surowych białek

Zwykła metoda Kjeldhala została użyta do oznaczenia białka surowego w skórkach granatu i sokach (AOAC, 955.04, 2000). Następnie białko surowe zostało obliczone poprzez pomnożenie całkowitego azotu przez współczynnik 6,25.

d. Oznaczanie olejów surowych

Oleje surowe ze skórek granatu i soków liściowych oznaczono metodą Bligha i Dyera (1959). Porcję surowego soku z granatu (5 ml) zmieszano z chloroformem (5 ml) i delikatnie wstrząśnięto. Proces ten powtórzono dwukrotnie. Połączony ekstrakt chloroformowy wstrząśnięto z metanolem: wodą (1:1, v/v), a górną warstwę odrzucono. Warstwę chloroformową przeniesiono do czystej szklanej zlewki, a następnie umieszczono w piecu w temperaturze 105° C na 2 godziny i schłodzono w eksykatorze. Procentową zawartość tłuszczów surowych określono przy użyciu następującego wzoru:

% tłuszczu surowego= Waga ekstraktu X 100 / Waga próbki

e. Oznaczanie całkowitej zawartości węglowodanów ulegających hydrolizie

Całkowite hydrolizowalne węglowodany ze skórek granatu i surowych soków z liści oznaczono (jako glukozę) metodą fenolowo-siarkową po hydrolizie kwasowej (HCl 2,5 N), a następnie oznaczono odczynnikiem fenolowo-siarkowym przy 490 nm przy użyciu spektrofotometru (Beckman, DU 7400 USA).

f. Oznaczanie włókien surowych

Włókna surowe obliczono na podstawie różnicy po analizie wszystkich innych elementów metody analizy proksymalnej.

Włókna surowe = (100 % wilgotności + % białek surowych + % olejów surowych + % węglowodanów ulegających hydrolizie ogółem + % popiołu).

7. Całkowite rozpuszczalne substancje stałe (TSS)

Całkowite rozpuszczalne substancje stałe (°Brix) surowych soków z granatów oznaczono zgodnie z metodą współczynnika załamania światła A.O.A.C (2000) przy użyciu refraktometru (ABBE, S N 203825, B G - Włochy) i podano jako stopień Brix (°B).

8. Jakościowe badania fitochemiczne surowych soków z granatów

Surowe soki z liści i skórek granatu zostały przebadane pod kątem obecności kluczowych rodzin fitochemikaliów zgodnie z metodami opisanymi przez Harborne'a (1973).

a. Węglowodany

Surowe soki rozcieńczono 5 ml wody destylowanej i przefiltrowano. Przesącz wykorzystano do następujących testów:

(1) **Test Molischa:** Porcję soku z granatu (1 ml) poddano działaniu 2 kropli alkoholowego roztworu a-naftolu w probówce. Powstanie fioletowego pierścienia na styku wskazuje na obecność węglowodanów.

(2) **Test Benedicta:** Podwielokrotność soku z granatu (1 ml) potraktowana odczynnikiem Benedicta i delikatnie podgrzana, pomarańczowo-czerwony osad wskazuje na obecność cukrów redukujących.

b. Wykrywanie steroli

Sterole wykryto za pomocą testu Salkowskiego w następujący sposób. Porcję surowego soku z granatu (2 ml) rozcieńczono chloroformem, a następnie zmieszano z kilkoma kroplami stężonego H2SO4 i delikatnie wstrząśnięto. Pojawienie się złocistoczerwonego koloru wskazuje na obecność pierścienia steroidowego.

c. Wykrywanie glikozydów

Glikozydy wykryto za pomocą testu Kellera-Killaniego w następujący sposób. Surowy sok zmieszano z 2 ml lodowatego kwasu octowego zawierającego kroplę $FeCl_3$. Pojawienie się brązowego pierścienia oznacza pozytywny wynik testu.

d. Wykrywanie saponin

Porcję surowego soku (5 ml) zmieszano z 20 ml wody destylowanej, a następnie mieszano w cylindrze z podziałką przez 15 minut. Tworzenie się piany wskazuje na obecność saponin.

e. Charakterystyka garbników

Porcję surowego soku (4 ml) zmieszano z 4 ml $FeCl_3$. Powstanie zielonego koloru wskazuje na obecność skondensowanych garbników.

f. Wykrywanie fenoli

Test chlorku żelaza został użyty do wykrycia występowania związków fenolowych w następujący sposób. Porcję soku z granatu (1 ml) zmieszano z 4 kroplami alkoholowego roztworu FeCl3. Powstanie niebiesko-czarnego koloru wskazuje na obecność fenoli.

g. Wykrywanie białek

Test ksantoproteinowy został użyty do wykrywania białek w następujący sposób. Podwielokrotność surowego soku (1 ml) potraktowano kilkoma kroplami stężonego HNO_3. Tworzenie się żółtego koloru wskazuje na obecność białek.

h. Wykrywanie aminokwasów

Aminokwasy scharakteryzowano za pomocą testu ninhydrynowego. Porcję surowego soku z granatu (2 ml) zmieszano z odczynnikiem ninhydrynowym (2 ml) i gotowano przez kilka minut. Powstanie niebieskiego koloru wskazuje na obecność aminokwasów.

i. Wykrywanie alkaloidów

Alkaloidy wyróżniono w następujący sposób. Ilość surowego soku (3 ml) pobrano do probówki i dodano 1 ml HCl. Mieszaninę ogrzewano delikatnie przez 20 minut, schłodzono i przefiltrowano. Przesącz wykorzystano do następującego testu Wagnera. Porcję soku z granatu poddano działaniu odczynnika Wagnera (1,7 g jodu i 2 g jodku potasu rozpuszczono w 5 ml wody i uzupełniono do 100 ml wodą destylowaną); powstanie brązowo-czerwonawego osadu wskazuje na obecność alkaloidów.

j. Wykrywanie flawonoidów

Flawonoidy wykryto za pomocą testu octanu ołowiu w następujący sposób. Porcję surowego soku (1 ml) zmieszano z 10% roztworem octanu ołowiu (1 ml). Tworzenie się żółtego osadu wskazuje na pozytywny wynik testu na obecność flawonoidów.

k. Wykrywanie stałych olejów i tłuszczów

Stałe oleje i tłuszcze wykryto za pomocą testu zmydlania w następujący sposób. Niewielką ilość surowego soku (1 ml) zmieszano z kilkoma kroplami 0,5 N alkoholowego wodorotlenku potasu. Mieszaninę ogrzewano w łaźni wodnej przez 1 godz. Tworzenie się mydła wskazuje na obecność stałych olejów i tłuszczów.

l. Wykrywanie triterpenoidów

Metodę Salkowskiego zastosowano do wykrywania triterpenoidów w następujący sposób. Porcję surowego soku (1 ml) zmieszano z chloroformem (2 ml), a następnie ostrożnie dodano stężony H2S04 (3 ml). Pojawienie się czerwonawo-brązowego koloru na granicy faz wskazuje na obecność triterpenoidów.

m. Wykrywanie antocyjanów

Porcję soku z granatu (1 ml) zmieszano z HCl (2 ml) i NH3 (2 ml). Pojawienie się różowoczerwonego koloru zmieniającego się w niebiesko-fioletowy wskazuje na istnienie antocyjanów.

n. Wykrywanie kumaryn

Wodorotlenek sodu (3 ml, 10%) dodano do surowego soku (1 ml). Powstanie żółtego koloru wskazuje na obecność kumaryn.

9. Analiza związków fenolowych metodą wysokosprawnej chromatografii cieczowej (HPLC)

Związki fenolowe surowych soków z liści i skórek granatu zidentyfikowano za pomocą systemu HPLC z kolumną z fazą odwróconą ZORBAX SB-C18 (250 x 4,6 mm i.d., rozmiar cząstek 5 µm (Agilent, USA) i detektorem UV ustawionym na 280 nm (Hewlett-Packard, Pale Alto, A). Elucję przeprowadzono przy użyciu fazy ruchomej składającej się z wody: kwasu octowego (98:2, vV jako rozpuszczalnik A) i metanolu / acetonitrylu (50:50, vV jako rozpuszczalnik B), zaczynając od 5% B zwiększając do poziomów 30% przez 25 min przy szybkości przepływu 1,0 ml/min. Próbki soku i faza ruchoma zostały przefiltrowane przez filtr Millipore 0,45 µm przed analizą HPLC. Kwantyfikację związków fenolowych przeprowadzono przy długości fali 280 nm przy użyciu kwasu galusowego, 3-hydroksytyrozolu, kwasu protokatchuinowego, katechiny, katecholu, kwasu chlorogenowego, kwasu kofeinowego, kwasu wanilinowego, kofeiny, kwasu ferulowego, oleuropeiny, kumaryny i kwercetyny. Czas retencji i powierzchnia piku (%) zostały wykorzystane do obliczenia stężeń związków fenolowych za pomocą systemu danych Hewlett Packard. Każdą próbkę soku z liści i skórki granatu analizowano w trzech egzemplarzach, a średnie wartości przedstawiono w tekście.

10. Całkowita zawartość fenoli (TPP)

Całkowitą zawartość związków fenolowych w surowych sokach oznaczono metodą Folin-Ciocalteau (El-falleh et al., 2012). Podwielokrotność próbki soku (0,2 ml) zmieszano z 0,5 ml odczynnika Folin-Ciocalteau, a następnie 4 ml węglanu sodu (1M) i pozostawiono na 30 minut w temperaturze pokojowej. Absorbancję mierzono przy 750 nm przy użyciu spektrofotometru (Beckman, DU 7400 USA). Zawartość TPP w soku została obliczona i wyrażona jako ekwiwalent kwasu galusowego na g suchej masy (mg GAE/g DW) w odniesieniu do równania regresji krzywej standardowej ($Y = 0,018x - 0,039$, $R^2 = 0,986$).

11. Całkowita zawartość flawonoidów (TF)

Do oznaczania całkowitej zawartości flawonoidów w surowych sokach zastosowano kolorymetryczną metodę chlorku glinu (El-falleh et al., 2012). Podwielokrotność surowego soku (0,5 ml) mieszano z azotynem sodu (0,3 ml, 0,5%) przez 5 minut, a następnie dodano chlorek glinu (0,3 ml, 10%). Po 6 minutach reakcję zatrzymano przez dodanie wodorotlenku sodu (2 ml, 4%). Całkowitą objętość uzupełniono do 10 ml wodą destylowaną. Absorbancja była rejestrowana przy 510 nm przy użyciu znanych stężeń kwercetyny. Stężenie flawonoidów w próbkach soku obliczono na podstawie równania regresji wykresu kalibracyjnego ($Y=0{,}010x-0{,}143$, $R^2=0{,}989$) i wyrażono jako mg ekwiwalentu kwercetyny / g suchej masy próbki.

12. Całkowita zawartość garbników (TT)

Całkowitą zawartość garbników w surowych sokach z liści i skórek granatu oznaczono zgodnie z metodą Mohammeda i Abd Manana (2015). Podwielokrotność surowego soku (0,1 ml) zmieszano z odczynnikiem Folin-Ciocateau (0,5 ml), a następnie roztworem Na2CO3 (1 ml, 35% w/v) i uzupełniono do 10 ml wodą destylowaną. Mieszaninę inkubowano przez 30 minut w temperaturze pokojowej. Absorbancję mierzono przy 725 nm względem próby ślepej. Całkowita zawartość tanin została wyrażona jako ekwiwalent kwasu taninowego (mg TAE/g DW) w odniesieniu do równania regresji krzywej standardowej ($Y = 0{,}007x + 0{,}4108$, $R^2 = 0{,}9869$).

13. Całkowita zawartość antocyjanów (TA)

TA oszacowano metodą różnicowania pH przy użyciu dwóch systemów buforowych. Bufor chlorku potasu (pH 1,0, 0,025 M) i bufor octanu sodu (pH 4,5, 0,4 M) (El-falleh et al., 2012). W skrócie, porcję próbki soku z granatu (0,4 ml) zmieszano z 3,6 ml odpowiednich buforów i odczytano względem wody jako ślepej próby przy 510 i 700 nm. Absorbancja (A) została obliczona jako:

$$A= [(A_{510nm} - A_{700nm})\ pH_{1,0} - (A_{510nm} - A_{700nm})\ pH_{4,5}].$$

TA próbek (mg cyjanidyno-3-glukozydu/L PJ) obliczono za pomocą następującego równania:

$$TA = (A \times MW \times DF \times 100) \times 1/MA$$

Gdzie:

A: absorbancja; MW: masa cząsteczkowa (449,2 g/mol); DF: współczynnik rozcieńczenia (10); MA: molowy współczynnik absorpcji cyjanidyno-3-glukozydu (26,900).

Wyniki wyrażono jako mg ekwiwalentu cyjanidyno-3-glukozydu na DW (mg CGE/g DW).

Wykonano potrójne pomiary i obliczono wartości średnie.

14. Aktywność przeciwutleniająca

a. Test 2,2-difenylo-1-pikrylo-hydrazylu (DPPH)

Aktywność zmiatania rodnika 2,2-difenylo-1-pikrylo-hydrazylu (DPPH) surowych soków z liści i skórek granatu określono zgodnie z metodą Rajana i wsp. (2011). Surowy sok o różnym stężeniu zmieszano z porcją DPPH (1 ml, 0,004% w/v). Mieszaninę energicznie wstrząśnięto i pozostawiono na 30 minut w ciemności w temperaturze pokojowej. Absorbancja przy 517 nm została zarejestrowana w celu określenia pozostałego stężenia DPPH. Aktywność zmiatania rodników obliczono jako % inhibicji według następującego wzoru:

Inhibicja (%) = (A kontrola - A test) / A kontrola X 100.

Gdzie;

Kontrola = absorbancja reakcji kontrolnej.

Test = absorbancja surowych soków z liści i skórek granatu.

Kwas askorbinowy został użyty jako związek referencyjny.

Efektywne stężenia na poziomie 50% (IC_{50}) obliczono na podstawie równań regresji wykresów kalibracyjnych (Y = 98,6x +28,82, R^2 = 0,965 i Y = 86,6x + 41,27, R^2 = 0,966 odpowiednio dla skórek i soków z liści), aby oznaczyć efektywne stężenie próbki wymagane do zmniejszenia absorbancji przy 517 nm o 50%.

b. Test mocy redukującej

Moc redukującą skórek granatu i surowych soków z liści przeprowadzono zgodnie z opisem Rajana i wsp. (2011). Porcję surowego soku (1 ml) zmieszano z 2,5 ml buforu fosforanowego (0,2 M, pH 6,6) i 2,5 ml żelazicyjanku potasu (10 g/L), a następnie mieszaninę inkubowano w temperaturze 50°C przez 20 minut. Do mieszaniny dodano kwas trichlorooctowy (2,5 ml, 10%) i wirowano przy 1000 xg przez 10 minut. Na koniec, 2,5 ml supernatantu zmieszano z 2,5 ml wody destylowanej, a następnie dodano 0,5 ml $FeCl3$ (1g/L) i zmierzono absorbancję przy 700 nm za pomocą spektrofotometru (Beckman, DU 7400 USA).

Kwas askorbinowy został użyty jako wzorzec, a bufor fosforanowy jako roztwór ślepy. Absorbancja końcowej mieszaniny reakcyjnej z dwóch równoległych eksperymentów została wyrażona jako średnia ± odchylenie standardowe.

Aktywność przeciwutleniająca soku została wyrażona jako IC50 i porównana ze standardem. Równanie wykresów kalibracyjnych kwasu askorbinowego wynosiło ($Y = 0{,}0631x + 0{,}05$, $R^2 = 0{,}9843$).

Wszystkie pomiary wykonano w trzech egzemplarzach.

15. Wyznaczanie okresu indukcji oleju słonecznikowego za pomocą aparatu rancimat

Rancimat 679 (Metrohm Ltd., CH-9100 Herisau, Szwajcaria) został użyty do określenia stabilności oksydacyjnej modelowego układu związków oleju słonecznikowego zmieszanego ze skórkami i sokami z liści na różnych poziomach (100, 200 i 400 ppm) uzyskanych z organów roślinnych granatu. Inny układ modelowy składający się z BHT (200 ppm) i oleju słonecznikowego został przeprowadzony w celu porównania skuteczności surowych soków i BHT na stabilność oleju słonecznikowego. Próbki oleju (5 g każda) poddano działaniu strumienia tlenu atmosferycznego w temperaturze 100 °C ± 2 °C. Lotne produkty rozkładu zostały wykryte za pomocą ogniwa konduktometrycznego (Mendez et al., 1996). Wyznaczenie okresu indukcji, mierzonego za pomocą przyrządu rancimat, zostało przyjęte jako narzędzie do porównania skuteczności soków roślinnych na stabilność oleju słonecznikowego. Okres indukcji dla każdego systemu modelowego oceniano w trzech powtórzeniach.

16. Analiza statystyczna

Do porównania różnic między zabiegami zastosowano test najmniejszej istotnej różnicy (L.S.D). Litery (a, b, c i d) zostały użyte do wskazania statystycznie istotnych różnic między danymi w niniejszej pracy. Wszystkie analizy przeprowadzono w trzech powtórzeniach, a dane przedstawiono jako ± błąd standardowy (SE). Dane zostały poddane analizie wariancji (ANOVA). Granice ufności w tym badaniu oparto na ($P < 0,01$). Analiza wariancji i testy najmniejszej istotnej różnicy (LSD) zostały wykorzystane do porównania średnich wartości badanych parametrów przy użyciu SPSS (Statistical Program for Social Sciences, SPSS Corporation, Chicago, IL, USA) w wersji 17.0 dla Windows i ASSISTAT w wersji 7.7 beta (2014).

ROZDZIAŁ 4

WYNIKI I DYSKUSJA

Potencjalne właściwości terapeutyczne granatu są szerokie i obejmują leczenie i zapobieganie nowotworom, chorobom układu krążenia, cukrzycy, chorobom zębów i ochronę przed promieniowaniem ultrafioletowym (UV). Inne potencjalne zastosowania obejmują niedokrwienie mózgu niemowląt, chorobę Alzheimera, niepłodność męską, zapalenie stawów i otyłość (Lad i Frawley, 1986; Caceres i in., 1987; Schubert i in., 1999; Saxena i Vikram, 2004 oraz Lansky i Newman, 2007).

Kilku badaczy badało składniki i właściwości wewnętrznego soku z części roślin granatu poprzez ekstrakcję różnymi rozpuszczalnikami o różnej polarności (Miguel et al., 2004, Tiwari et al., 2011 i Bhandary et al., 2012). W niniejszej pracy wewnętrzny sok roślinny granatu uzyskano za pomocą prasy mechanicznej bez użycia rozpuszczalników. Należy podkreślić, że części botaniczne granatu są bezpiecznymi organami naturalnymi i są uzyskiwane z corocznego przycinania drzew granatu i są uważane za materiały odpadowe.

Powszechnie wiadomo, że niektóre rozpuszczalniki mogą mieć szkodliwy wpływ na zdrowie człowieka. Dlatego głównym celem niniejszej pracy było uzyskanie wewnętrznego soku roślinnego granatu w jego natywnej postaci w celu określenia ilości polifenoli, flawonoidów i substancji redukujących. Praca została również rozszerzona o ocenę aktywności skórek granatu i surowych soków jako naturalnych przeciwutleniaczy. Biorąc pod uwagę wszystkie te fakty, niniejsze badanie zostało zaprojektowane w celu zbadania składu chemicznego brutto, badań fitochemicznych, charakterystyki całkowitej zawartości fenoli i flawonoidów, jakościowo i ilościowo za pomocą HPLC oraz aktywności przeciwutleniającej surowych soków z liści i skórek granatu.

1. Określenie niektórych właściwości chemicznych oleju słonecznikowego

a. Oznaczanie liczby kwasowej (AV)

Tabela 1 przedstawia wartość kwasową oleju słonecznikowego. Dane wskazują, że wartość kwasowa oleju słonecznikowego wynosiła 0,36 mg KOH $_{g-1}$ oleju, co wskazuje, że olej słonecznikowy jest dobrej jakości.

b. Oznaczanie liczby nadtlenkowej (PV)

Tabela 1 przedstawia wartość nadtlenkową oleju słonecznikowego. Dane wskazują, że wartość nadtlenkowa oleju słonecznikowego wynosiła 0,94 meq kg^{-1} oleju, co wskazuje, że olej słonecznikowy jest dobrej jakości.

Powyższe wartości kwasów i nadtlenków oleju słonecznikowego są zgodne z danymi dotyczącymi przepisów prawnych i regulacji dotyczących tłuszczów i olejów podanymi przez Firestone et al. (1991).

Tabela 1. Wartości kwasowe i nadtlenkowe oleju słonecznikowego

Parameter	**Value**
Acid value (mg KOH g^{-1} oil)	0.36
Peroxide value (meq kg^{-1})	0.94

2. Skład chemiczny brutto surowych soków z liści i skórek granatu

Analiza składu chemicznego surowych skórek i soków z liści granatu wykazała 83,42% (97,12%) wilgotności, 0,02% (0,04%) olejów surowych, 1,57% (1,1%) białek surowych, 2,06% (0,12%) popiołu, 8,88% (0,00%) włókien surowych i 4,05% (1,62%) węglowodanów. Odpowiednie wartości dla surowego soku z liści podano w nawiasach. Wartości te pokazują, że surowy sok ze skórek zawierał duże ilości surowego białka i węglowodanów ulegających hydrolizie, odpowiednio 1,42 i 2,5 razy więcej niż surowy sok z liści. Warto zauważyć, że sok z liści był

wolne od surowych włókien. Ten ostatni parametr był jednak obecny w soku z surowych skórek jako składnik mniejszościowy (< 10% - > 1%). Obecne dane wskazują, że surowy sok ze skórek może być wykorzystywany jako dobre źródło włókna surowego i węglowodanów ulegających hydrolizie.

Według naszej wiedzy, jest to pierwsze doniesienie na temat składu chemicznego surowych soków ze skórek i liści granatu. Inne badania dotyczyły niektórych frakcji soków wewnętrznych granatu ekstrahowanych rozpuszczalnikami o różnej polarności.

Tabela 2. Skład chemiczny brutto (%) surowych soków z liści i skórek granatu.

Component (%)	Gross chemical components (%)*	
	pomegranate peels crude juice	pomegranate leave crude juice
Moisture	83.42 ± 0.214[b]	97.12 ± 0.214[a]
Ash	2.06 ± 0.303[a]	0.12 ± 0.303[b]
Crude proteins	1.57 ± 0.103[a]	1.10 ± 0.103[b]
Crude oils	0.02 ± 0.003[b]	0.04 ± 0.003[a]
Crude fibers	8.88 ± 0.404[a]	0.00 ± 0.404[b]
Total hydrolysable carbohydrates	4.05 ± 0.038[a]	1.62 ± 0.038[b]

*** Uzyskane wyniki dla składników chemicznych brutto (%) stanowiły średnią z potrójnych oznaczeń.**

3. Całkowite rozpuszczalne substancje stałe (TSS)

Tabela 3 przedstawia całkowitą zawartość rozpuszczalnych substancji stałych w surowych sokach ze skórek i liści granatu. Dane wskazują, że surowy sok ze skórek granatu miał całkowitą rozpuszczalną substancję stałą (13,5 ° B), która była wyższa niż surowego soku z liści (3 ° B).

Tabela 3. Całkowite rozpuszczalne substancje stałe (TSS) surowych soków z liści i skórek granatu

Sample	Total soluble solids (°B)
Peels crude juice	13.5
Leave crude juice	3

4. Jakościowe badania fitochemiczne surowych soków z granatów

Badania fitochemiczne wykazały obecność substancji o znaczeniu farmakologicznym (węglowodany, cukry redukujące, glikozydy, białka, aminokwasy, związki fenolowe, garbniki, alkaloidy, flawonoidy, saponiny, antocyjany, kumaryny, triterpenoidy, sterole i oleje). Garbniki są znane ze swoich właściwości przeciwutleniających i przeciwdrobnoustrojowych, a także łagodzących, regenerujących skórę, przeciwzapalnych, moczopędnych i stwierdzono, że przyspieszają gojenie się ran i stanów zapalnych błony śluzowej (Okwu i Okwu, 2004). Flawonoidy są znane ze swojej aktywności przeciwutleniającej, a tym samym pomagają chronić organizm przed rakiem i innymi chorobami zwyrodnieniowymi, takimi jak zapalenie stawów i cukrzyca typu II (Lee i Shibumoto, 2002). Saponiny są stosowane jako łagodny detergent i w wewnątrzkomórkowym barwieniu histochemicznym, aby umożliwić dostęp przeciwciał do białek wewnątrzkomórkowych. Ma to ogromne znaczenie w medycynie, ponieważ jest źródłem przeciwutleniaczy, środków przeciwnowotworowych, przeciwzapalnych i zmniejszających utratę ciała. Saponiny są środkami wykrztuśnymi, tłumiącymi kaszel i podawanymi ze względu na aktywność hemolityczną (Okwu, 2005). Sterole zwiększają syntezę mięśni i kości (Rossier, 2006), a także są związane z kontrolą hormonalną u kobiet i regulują metabolizm węglowodanów i białek oraz posiadają właściwości przeciwzapalne. Związki fenolowe są środkami przeciwdrobnoustrojowymi, dlatego są szeroko stosowane w dezynfekcji i pozostają standardem, z którym porównywane są inne środki bakteriobójcze (Okwu, 2005).

Identyfikacja fitochemikaliów w skórkach i sokach z liści granatu jest kluczowym punktem wyjścia do oceny ich aspektów odżywczych, biologicznych i technologicznych. Tabela 4 przedstawia jakościowe badania fitochemiczne surowych soków z liści i skórek granatu. Każdy sok został przebadany pod kątem obecności kluczowych rodzin fitochemikaliów, tj. węglowodanów, cukrów redukujących, glikozydów, białek, aminokwasów, związków fenolowych, garbników, alkaloidów, flawonoidów, saponin, antocyjanów, kumaryny, triterpenoidów, steroli i olejów. Ogólnie rzecz biorąc, istnieją duże różnice w fitochemikaliach między botanicznymi częściami granatu (liśćmi i skórkami). Surowy sok ze skórek granatu zawierał węglowodany, cukry redukujące, związki fenolowe jako główne składniki. Białka, aminokwasy, garbniki, kumaryny, antocyjany i flawonoidy były obecne w surowym soku ze skórek granatu jako umiarkowane składniki. Natomiast glikozydy, sterole, triterpenoidy i alkaloidy, saponiny występowały odpowiednio jako substancje drugorzędne i śladowe.

Warto zauważyć, że surowy sok ze skórek granatu odmiany Wonderful zawierał większe ilości węglowodanów, białek, fenoli i garbników niż surowy sok z liści. Z drugiej strony, części botaniczne granatu (liście i skórki) zawierały prawie takie same ilości glikozydów, aminokwasów, alkaloidów, steroli i olejków eterycznych. Ponadto ilość saponin w surowym soku z liści była wyższa niż w surowym soku ze skórek.

W tym względzie El-falleh et al., (2012) wskazali, że poziomy fitochemikaliów granatu różniły się w zależności od rozpuszczalników stosowanych do ekstrakcji tych związków. Ponadto skład soków z granatów zależy od rodzaju odmiany, środowiska, czynników po zbiorach i przetwarzania (Houston, 2005). Warto wspomnieć, że dane z niniejszej pracy sugerują, że surowy sok ze skórek granatu może być praktycznie stosowany jako suplement diety, w celu opóźnienia utleniania oleju i leczenia niektórych chorób poprzez jego właściwości wychwytywania wolnych rodników. Wstępne fitochemiczne testy przesiewowe mogą być przydatne w wykrywaniu bioaktywnych składników, a następnie mogą prowadzić do odkrywania i rozwoju leków. Ponadto, testy te ułatwiają ocenę jakościową i ilościową separację farmakologicznie aktywnych związków chemicznych (Varadarajan et al., 2008). Ogólnie rzecz biorąc, badane surowe soki z liści i skórek granatu zawierały dużą liczbę związków bioaktywnych. Należy pamiętać, że bioaktywne metabolity w ekstrakcie roślinnym różnią się znacznie w zależności od metody/rozpuszczalnika ekstrakcji (Marston i in., 1993 i Clark i in., 1997).

Badanie fitochemiczne skórek granatu i surowych soków z liści wykazało, że są one bogate w węglowodany, cukry redukujące, aminokwasy, związki fenolowe i kumaryny, które są powszechnymi składnikami wielu tradycyjnie przygotowywanych leków ziołowych. Obecność tych związków w roślinach przypisuje się ich aktywności biologicznej.

Badania fitochemiczne surowych soków z granatu w niniejszym badaniu były zbieżne z wynikami zgłoszonymi przez Farag et al. (2014).

Tabela 4. Jakościowe badania fitochemiczne surowych soków z liści i skórek granatu.

Compound detected	Inference	
	Peels crude juice	Leave crude juice
Carbohydrates	4+ ve	3+ve
Reducing sugars	4+ve	3+ve
Proteins	3+ve	2+ve
Amino acids	3+ve	3+ve
Phenolic compounds	4+ve	3+ve
Tannins	3+ve	2+ve
Flavonoids	3+ve	2+ve
Coumarins	3+ve	3+ve
Anthocyanins	3+ve	2+ve
Alkaloids	+ve	+ve
Glycosides	2+ve	2+ve
Saponins	+ve	3+ve
Triterpenoids	2+ve	2+ve
Sterols	2+ve	2+ve
Fixed oils	-ve	+ve

Symbole: 4+, 3+, 2 +, + i - odnoszą się odpowiednio do wybitnych, umiarkowanych, łagodnych, śladowych i nieobecnych ilości.

5. Jakościowa i ilościowa analiza polifenoli w surowych sokach z granatów metodą HPLC

Wysokosprawna chromatografia cieczowa (HPLC) została wykorzystana do identyfikacji i analizy ilościowej związków polifenolowych ze skórek granatu i surowych soków z liści. Czasy retencji dostępnych autentycznych składników fenolowych zostały wykorzystane do scharakteryzowania składników fenolowych w badanych sokach z granatów. Rys. 2 i 3 oraz tabela 5 przedstawiają skład związków polifenolowych w próbkach soków z liści i skórek granatu.

Fenole ze skórek granatu i surowych soków z liści zostały podzielone na odpowiednio 12 i 6 różnych składników za pomocą HPLC, z których 51,499% i 44,697% zostało scharakteryzowanych. Brak niektórych urządzeń, tj. spektrometru masowego i niektórych autentycznych substancji, uniemożliwił pełną identyfikację składników skórek granatu i surowych soków z liści. Ogólnie rzecz biorąc, skład substancji polifenolowych w soku z liści był prostszy niż w soku ze skórek.

Dla uproszczenia, poziomy stężenia składników polifenolowych można podzielić na 3 kategorie, tj. główne (>10%), drugorzędne (<10% - >1%) i śladowe (<1%). W związku z tym, surowy sok z liści odmiany Wonderful zawierał 3-hydroksytyrozol i kwas galusowy jako główne składniki. Ilość pierwszego związku była około 1,31 razy większa niż drugiego. Katechina, kwas chlorogenowy, kwas kawowy i kumaryna były obecne jako składniki drugorzędne. Kolejność stężeń tych substancji w surowym soku z liści może być ułożona w następujący sposób: katechina (5,809%) > kwas kawowy (4,806%) > kwas chlorogenowy (4,207%) > kumaryna (3,226%). Wyniki te są zgodne z ustaleniami El-Khateeb i wsp. (2013), którzy wykazali, że metanolowy ekstrakt z liści granatu zawierał kwas galusowy, katechinę, kumarynę i inne związki polifenolowe.

Surowy sok ze skórek granatu zawierał kwas galusowy i protokatechowy jako główne substancje. Związki fenolowe: katechina, katechol, kwas chlorogenowy, kwas kofeinowy, wanilina, kofeina, kwas ferulowy i kumaryna były obecne jako składniki drugorzędne. Natomiast oleuropeina i kwercetyna występowały jako materiały śladowe. Patrząc na chemiczne składniki fenolowe skórki i soku z granatu, można wywnioskować następujące punkty. Kwas galusowy i kumaryna występowały prawie w równych ilościach w obu sokach. Sok z liści zawierał katechinę, kwas chlorogenowy i kwas kawowy około 2 razy więcej niż w soku ze skórek. Wyniki te są podobne do ustaleń Ali et al. (2014) i Li et al. (2015).

Następujące związki: kwas protokatechowy, katechol, kwas wanilinowy, kofeina, kwas ferulowy, oleuropeina i kwercetyna były obecne w surowym soku ze skórek, a nie w surowym soku z liści. Odkrycia te pokazują, że istniały znaczne różnice między składnikami fenolowymi zarówno skórki, jak i soku z liści granatu.

Kilku autorów badało zawartość polifenoli w częściach botanicznych granatu w różnych regionach uprawy przy użyciu HPLC. Na przykład Akbarpour i wsp. (2009) stwierdzili, że zawartość kwasu elagowego w soku i skórce wahała się odpowiednio od 1-2,38 mg / 100 ml do 1050,00 mg / 100 g. El-Khateeb et al. (2013) wspomnieli, że metanolowy ekstrakt z liści granatu zawierał kwas protokatechowy, katechinę, kwas p-hydroksybenzoesowy, kwas p-kumarowy, kwas o-kumarowy i kumarynę w różnych stężeniach. Ali et al. (2014) wykazali, że owoce granatu zawierały trzy główne związki fenolowe w ekstrakcie metanolowym ze skórki. Związki fenolowe: kwas chlorogenowy, rutyna i kwas kumarynowy są obecne głównie w ekstrakcie ze skórki, gdy są analizowane za pomocą HPLC w połączeniu z detekcją diodową.

Al-Rawahi et al. (2014) wspomnieli, że analiza HPLC wykazała obecność 61 różnych polifenoli w ekstrakcie, w tym 12 kwasów hydroksycynamonowych, 14 hydrolizowalnych tanin, 9 kwasów hydroksybenzoesowych, 5 kwasów hydroksybutanodiowych, 11 kwasów hydroksycykloheksanokarboksylowych i 8 hydroksyfenyli. Ponadto, Zhao et al. (2014) przeanalizowali cztery chińskie odmiany granatu (Punica granatum L.) pod kątem zawartości poszczególnych flawonoli i flawonów (w ekstraktach ze skórki owoców) przy użyciu HPLC ze zmianami flawonoli i flawonów zachodzącymi podczas rozwoju owoców. Wyniki wykazały obecność kaempferolu, kwercetyny, mirycetyny, luteoliny i apigeniny we wszystkich czterech odmianach. Warto wspomnieć, że badane wyniki HPLC dość dobrze zgadzały się z danymi Farag et al. (2014).

Okazuje się, że istnieje związek między strukturą chemiczną ugrupowań fenolowych w skórkach i sokach z liści granatu a ich aktywnością przeciwutleniającą. Liczba grup OH i lokalizacja w pierścieniu aromatycznym mają głęboki wpływ na zjawisko antyoksydacyjne. Warto zauważyć, że niektóre badania wykazały, że kwas chlorogenowy i flawonoidy, w szczególności kwercetyna i jej pochodne glikozydowe, są głównymi związkami odpowiedzialnymi za właściwości przeciwutleniające (Silvia i in., 2011). Te klasy związków posiadają szerokie spektrum aktywności biologicznej, w tym właściwości zmiatania rodników (Balasundram i in., 2006).

Ogólnie rzecz biorąc, ten punkt wymaga dalszych badań w celu wyjaśnienia wpływu poszczególnych związków fenolowych i ich stężenia na zjawisko antyoksydacyjne.

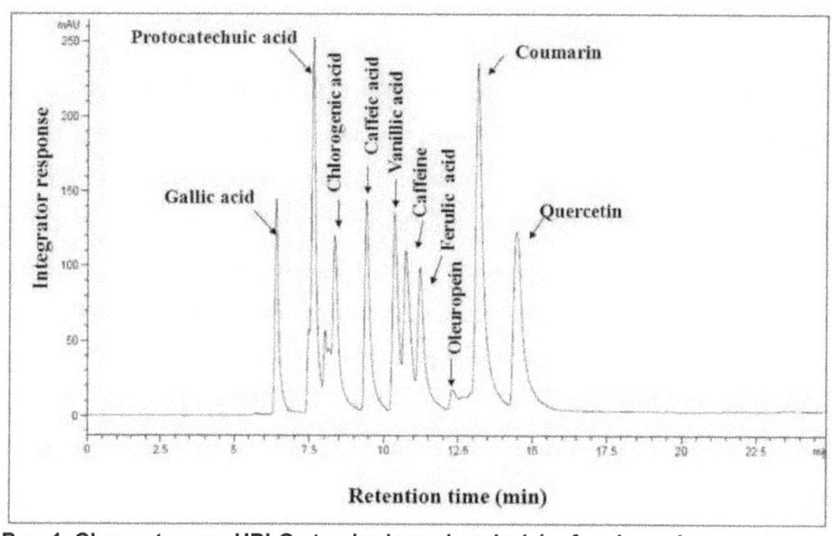

Rys. 1. Chromatogram HPLC standardowych związków fenolowych.

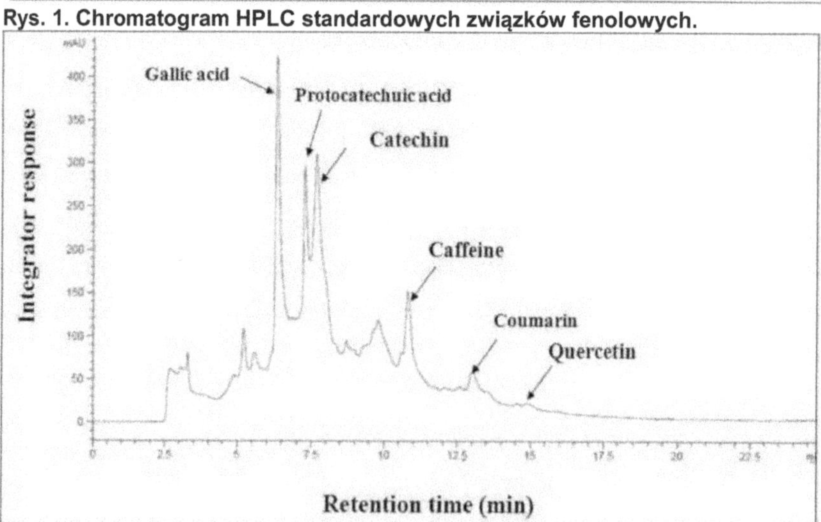

Rys. 2 Chromatogram HPLC podstawowych składników surowego soku ze skórek granatu.

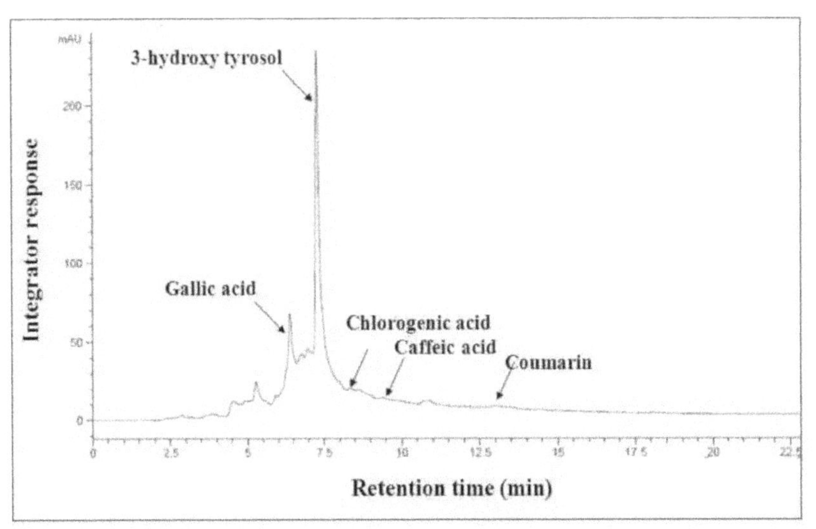

Rys. 3. Chromatogram HPLC podstawowych składników surowego soku z liści granatu.

Table 5. Skład (%) związków polifenolowych w skórkach granatu i surowych sokach z liści.

Phenolic compound	Composition (%)	
	Peels crude juice	Leave crude juice
Gallic acid	12.732	11.513
3-hydroxy tyrosol	NP	15.136
Protocatechuic acid	13.061	NP
Catechin	2.979	5.809
Catechol	2.654	NP
Chlorogenic acid	2.119	4.207

Caffeic acid	2.473	4.806
Vanillic acid	3.466	NP
Caffeine	5.778	NP
Ferulic acid	1.671	NP
Oleuropein	0.531	NP
Coumarin	3.181	3.226
Quercetin	0.854	NP
Unidentified	48.501	55.303

NP oznacza nieobecny

6. Całkowita zawartość fenoli i flawonoidów w surowych sokach z liści i skórek granatu

Flawonoidy i związki fenolowe są główną grupą związków, które działają jako podstawowe przeciwutleniacze lub zmiatacze wolnych rodników. Ponieważ związki te zostały znalezione w ekstraktach, może to być odpowiedzialne za silną zdolność przeciwutleniającą surowych soków z granatów. Związki fenolowe są szeroko rozpowszechnione w królestwie roślin. Związki te służą jako ważne przeciwutleniacze ze względu na ich zdolność do oddawania atomu wodoru lub elektronu w celu utworzenia stabilnych rodnikowych związków pośrednich. W ten sposób zapobiegają utlenianiu różnych cząsteczek biologicznych (Cuvelier et al., 1992).

Rys. 4 i tabela 6 przedstawiają ilości polifenoli ogółem i flawonoidów w surowych sokach z liści i skórek granatu. Dane wykazały, że poziomy polifenoli i flawonoidów różniły się w zależności od części botanicznej granatu. Sok ze skórek zawierał większe ilości polifenoli ogółem i flawonoidów, odpowiednio około 1,22 i 1,43 razy więcej niż sok z liści. Podobne wyniki uzyskali El-falleh i wsp. (2012). Należy podkreślić, że związki fenolowe są ważnymi składnikami, ponieważ żywność bogata w fenole opóźnia postęp miażdżycy i zmniejsza częstość występowania chorób serca (Gil i in., 2000; Miguel i in., 2004 i Houston, 2005).

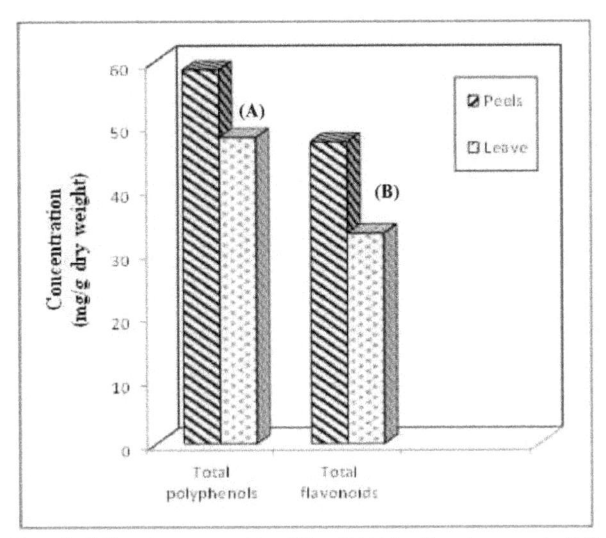

Rys. 4. Całkowita zawartość polifenoli (A) i całkowita zawartość flawonoidów (B) w skórkach granatu i surowych sokach z liści.

7. Całkowita zawartość tanin i antocyjanów w surowych sokach z liści i skórek granatu

Antocyjany są rozpuszczalnymi w wodzie pigmentami odpowiedzialnymi za jasnoczerwony kolor soku z granatów. Noda i wsp. (2002) stwierdzili, że trzy główne antocyjany występujące w soku z granatów to delfinidyna, cyjanidyna i pelargonidyna. Dane przedstawione na Rys. 5 i w Tabeli 6 wskazują, że zawartość garbników ogółem i antocyjanów ogółem dla surowych soków ze skórek i liści wynosiła odpowiednio 157,64, 136,27 i 53,23, 41,39. Wyniki te wskazują, że surowy sok ze skórek miał wyższe wartości, odpowiednio 1,16 i 1,29 razy większe niż surowy sok z liści. Ustalenia El-falleh et al. (2012) zgadzały się dość dobrze z obecnymi danymi, w których surowy sok ze skórek zawierał większe ilości antocyjanów niż surowy sok z liści.

Wyniki niniejszego badania wykazały, że surowy sok ze skórek granatu może być stosowany jako związek przeciwbakteryjny i przeciwutleniający do stosowania w przemyśle spożywczym.

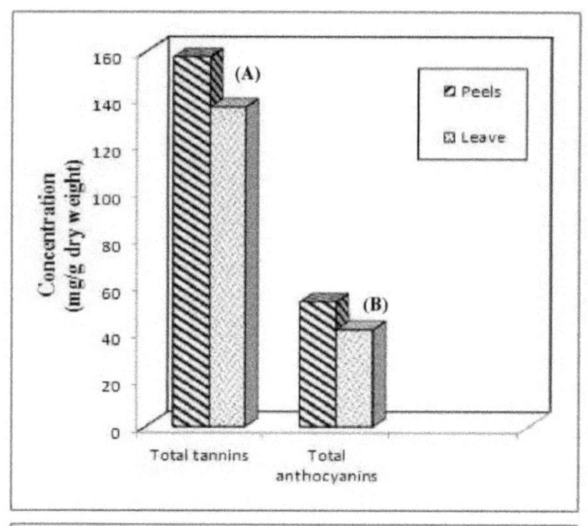

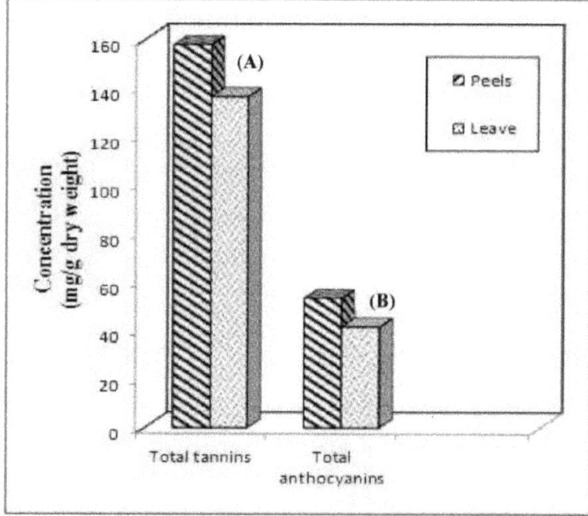

Rys. 5. Całkowita zawartość tanin (A) i całkowita zawartość antocyjanów (B) w skórkach granatu i surowych sokach z liści.

Table 6. Całkowita zawartość polifenoli, flawonoidów, tanin i antocyjanów w surowych sokach z liści i skórek granatu.

Parameter	Peels crude juice	Leave crude juice
Total polyphenolics (TPP) (GAE mg/g dry weight)	59.50±1.219[a]	47.08±1.219[b]
Total flavonoids (TF) (Q E mg/g dry weight)	48.22±0.449[a]	34.00±0.449[b]
Total tannins (TT) (TAE mg/g dry weight)	157.664±2.436[a]	136.265±2.436[b]
Total anthocyanins (TA) (mg CGE/g dry weight)	53.234±1.066[a]	41.391±1.066[b]

Wartości są średnimi z trzech powtórzeń każdego parametru ± błąd standardowy
Średnie w każdym wierszu oznaczone tą samą literą nie różnią się istotnie przy $p < 0,01$.
GAE, QE, TAE i CGE odnoszą się odpowiednio do kwasu galusowego, kwercetyny, kwasu taninowego i cyjanidyno-3-glikozydu.

8. Aktywność przeciwutleniająca soków z granatów na stabilność oleju słonecznikowego

Oleje jadalne o wyższej zawartości nienasyconych kwasów tłuszczowych, zwłaszcza wielonienasyconych kwasów tłuszczowych, są bardziej podatne na utlenianie. Utlenianie lipidów olejów może nie tylko powodować zjełczałe zapachy, nieprzyjemne smaki i przebarwienia, ale może również obniżyć jakość odżywczą i bezpieczeństwo ze względu na produkty degradacji, co może mieć szkodliwy wpływ na zdrowie (Lercker i Rodriguez-Estrada, 2000).

Obecnie na całym świecie istnieje duże zainteresowanie poszukiwaniem nowych i bezpiecznych przeciwutleniaczy z naturalnych źródeł w celu zapobiegania jełczeniu oksydacyjnemu żywności, dlatego niniejsze badanie koncentrowało się na wykorzystaniu skórek granatu i pozostawieniu surowych soków zawierających polifenole i flawonoidy, które nie mają niepożądanego zapachu przy wdychaniu przez nos ani niepożądanego smaku na języku. Opisano kilka metod pomiaru stabilności olejów jadalnych. Stabilność oksydacyjną olejów i tłuszczów z dodatkiem przeciwutleniaczy można określić podczas przechowywania w normalnych warunkach otoczenia i pakowania. Jednakże, ogólnie rzecz biorąc, utlenianie może trwać długo, np. od kilku dni do kilku miesięcy, co jest niepraktyczne dla rutynowej analizy.

Stopień utlenienia olejów jest często oceniany poprzez pomiar liczby nadtlenkowej (PV). Wskaźnik ten jest związany z wodoronadtlenkami, pierwotnymi produktami utleniania, które są niestabilne i łatwo ulegają rozkładowi, tworząc głównie mieszaniny lotnych związków aldehydowych. Związki degradacji oksydacyjnej, które pochodzą z degradacji wodoronadtlenków, są ogólnie określane jako wtórne produkty utleniania, które są oznaczane w olejach i tłuszczach metodą kwasu tiobarbiturowego (TBA) w celu przezwyciężenia problemów ze stabilnością olejów i tłuszczów. Syntetyczne przeciwutleniacze, takie jak butylowany hydroksyanizol (BHA), butylowany hydroksytoluen (BHT) i hydrochinon tert-butylu (TBHQ) są szeroko stosowane jako dodatki do żywności w wielu krajach. Ostatnie doniesienia ujawniają, że związki te mogą być związane z wieloma zagrożeniami dla zdrowia, w tym rakiem i kancerogenezą (Prior, 2004). W związku z tym istnieje tendencja do stosowania naturalnych przeciwutleniaczy pochodzenia roślinnego w celu zastąpienia tych syntetycznych przeciwutleniaczy.

Naturalne przeciwutleniacze, takie jak flawonoidy, garbniki, kumaryny, kurkuminoidy, ksantony, fenole, lignany i terpenoidy znajdują się w różnych produktach roślinnych (takich jak owoce, liście, nasiona i oleje) (Farag i in., 2003 i Jeong i in., 2004) i wiadomo, że chronią łatwo utleniające się składniki żywności przed utlenianiem.

Liczba badań nad pozostałymi źródłami przeciwutleniaczy znacznie wzrosła w ostatnich latach (Moure et al., 2001). Farag i wsp. (2003) stwierdzili, że przeciwutleniacze uzyskane z soku z liści oliwek spowalniały proces jełczenia oliwy w większym stopniu niż BHT. Podkreślili oni wysoki potencjał tego soku w zapobieganiu jełczeniu oleju. Związki przeciwutleniające z soku z liści oliwnych mogą nie tylko zwiększać stabilność żywności poprzez zapobieganie peroksydacji lipidów, ale u ludzi lub zwierząt mogą również chronić biomolekuły i struktury supramolekularne, np. błony i rybosomy przed uszkodzeniem oksydacyjnym.

W niniejszej pracy oceniano skórki granatu i surowe soki z liści jako źródło naturalnych przeciwutleniaczy. Określono zawartość fenoli ogółem, flawonoidów, ponieważ różne związki przeciwutleniające mają różne mechanizmy działania. W związku z tym do oceny skuteczności przeciwutleniającej soków zastosowano różne metody. Ponadto, celem niniejszej pracy była ocena skuteczności utleniania skórek granatu i pozostawionych surowych soków podczas przechowywania oleju słonecznikowego.

Niektóre dowody sugerują, że działanie biologiczne polifenoli ma aktywność przeciwutleniającą (Farag i in., 2003). Dlatego też niniejsze badanie zostało zaprojektowane w celu oceny aktywności przeciwutleniającej surowych soków z liści i skórek. Jak podkreślili Huang i wsp. (2005), żadna pojedyncza metoda nie jest odpowiednia do oceny zdolności przeciwutleniającej żywności, ponieważ różne metody mogą dawać bardzo rozbieżne wyniki. Należy stosować różne metody oparte na różnych mechanizmach. W związku z tym do śledzenia przebiegu utleniania oleju słonecznikowego zastosowano 2,2-difenylo-1-pikrylo-hydrazyl (DPPH), test siły redukującej i wychwyt O2 przez surowe soki z granatów.

a. Test 2,2-difenylo-1-pikrylo-hydrazylu (DPPH)

Oceniono zdolność zmiatania wolnych rodników przez skórki granatu i soki z liści granatu, biorąc pod uwagę, że rodnik DPPH jest powszechnie stosowany do oceny aktywności przeciwutleniającej *in vitro*. DPPH' jest bardzo stabilnym organicznym wolnym rodnikiem o głębokim fioletowym kolorze, który daje maksima absorpcji w zakresie 515-528 nm. Po otrzymaniu protonu od dowolnego donora wodoru. Wraz ze wzrostem stężenia związków fenolowych lub stopnia hydroksylacji związków fenolowych wzrasta również ich aktywność zmiatania rodnika DPPH, co można określić jako aktywność przeciwutleniającą (Zhou i Yu, 2004). Ponieważ rodniki są bardzo wrażliwe na obecność donora wodoru, cały system działa przy bardzo niskim stężeniu; może to pozwolić na przetestowanie dużej liczby próbek w krótkim czasie (Zhou i Yu, 2004 i Iqbal *i in.*, 2006).

Zdolność zmiatania rodnika DPPH przez skórki granatu i surowe soki z liści wraz z referencyjnym wzorcem BHT przedstawiono na Rys. 6 i w Tabeli 7. Skórki granatu i surowe soki z liści wykazały zależną od stężenia aktywność zmiatania poprzez wygaszanie rodników DPPH. Aktywność zmiatania rodników DPPH przez skórki granatu i surowe soki z liści wzrastała wraz ze wzrostem ich zawartości w tych surowych sokach.

Wyniki testu zmiatania wolnych rodników DPPH sugerują, że składniki skórki granatu i surowego soku są zdolne do zmiatania wolnych rodników poprzez mechanizmy oddawania elektronów lub wodoru, a zatem powinny być w stanie zapobiec inicjacji szkodliwych reakcji łańcuchowych z udziałem wolnych rodników w podatnych matrycach, np. tłuszczach i olejach.

Aktywność zmiatania wolnych rodników określona przez DPPH została wyrażona jako wartość IC50 (efektywne stężenie soku wymagane do zahamowania 50% początkowego wolnego rodnika DPPH). Wartości IC50 surowych soków z liści i skórek przedstawiono na ryc. 6 i w tabeli 7. Sok z surowych skórek wykazywał silniejsze działanie przeciwutleniające niż sok z liści, będąc około 6,59 razy silniejszym niż sok z liści. Wręcz przeciwnie, dane El-falleh et al. (2012) wskazują, że wodny ekstrakt z liści granatu wykazuje wyższą aktywność przeciwutleniającą niż ekstrakt ze skórek. Z drugiej strony, Singh et al. (2001) podali, że skórka jest dobrym źródłem przeciwutleniaczy. Co więcej, Ardekani i wsp. (2011) stwierdzili, że zdolność przeciwutleniająca ekstraktu ze skórki granatu była 10 razy wyższa niż ekstraktu z miąższu. Wyniki te potwierdzają wyniki niniejszego badania.

b. Test mocy redukującej

Siły redukujące surowych soków ze skórek i liści granatu przedstawiono na Rys. 6 i w Tabeli 7. Surowy sok ze skórek wykazywał większą siłę redukującą niż sok z liści. W przeciwieństwie do tego, El-falleh et al. (2012) podali, że liść granatu miał wyższą moc redukującą niż ekstrakt ze skórki. Można zinterpretować rozbieżność w sile redukującej do sposobu ekstrakcji części botanicznych granatu. W niniejszej pracy surowe soki ze skórek i liści granatu uzyskano przez wyciskanie, w przeciwieństwie do metody zastosowanej w El-falleh et al. (2012), gdzie ekstrakcję przeprowadzono metanolem.

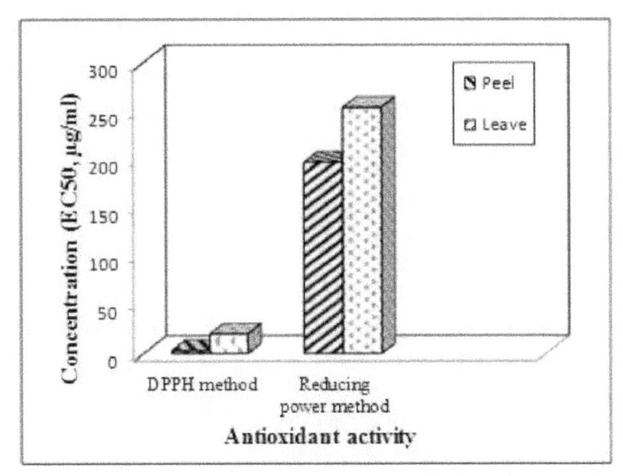

Rys. 6. Aktywność przeciwutleniająca skórek granatu i surowych soków z liści.

Tabela 7. Aktywność przeciwutleniająca surowych soków z liści i skórek granatu.

Method	Antioxidant activity	
	Peels crude juice	**Leave crude juice**
DPPH method (IC_{50},µg/ml)	3.081±0.009[b]	20.296±0.005[a]
Reducing power method (IC_{50},µg/ml)	197.240±0.577[b]	254.240±0.577[a]

Wartości są średnimi z trzech powtórzeń każdego parametru ± błąd standardowy
Średnie w każdym wierszu oznaczone tą samą literą nie różnią się istotnie przy p < 0,01. IC50 **odnosi się do efektywnego stężenia soku wymaganego do zahamowania 50% rodników.**

9. Wyznaczanie okresu indukcji oleju słonecznikowego za pomocą aparatu rancimat

Aktywność przeciwutleniającą skórek granatu i surowych soków z liści oceniano również metodą rancimat. Metoda ta wyznacza okres indukcji początku jełczenia oksydacyjnego oleju słonecznikowego w temperaturze 100°C. W niniejszym badaniu do oceny zachowania oksydacyjnego wykorzystano proste układy modelowe obejmujące olej słonecznikowy ze skórkami granatu i sokami z liści. Przeprowadzono eksperyment z olejem słonecznikowym i BHT (200 ppm) w celu porównania skuteczności przeciwutleniającej skórek granatu i soków z liści z najczęściej stosowanym syntetycznym przeciwutleniaczem. Doniesiono, że syntetyczne przeciwutleniacze (BHT, BHA i PG, galusan propylu) są dodawane w stężeniach 100-400 ppm do tłuszczów i olejów w celu powstrzymania rozwoju nadtlenków podczas przechowywania żywności (Allen i Hamilton, 1983). Dlatego skórki granatu i soki z liści dodano do oleju słonecznikowego w stężeniach 100, 200 i 400 ppm. Tabele 8 i 9 oraz rysunki 7 i 8 pokazują wpływ skórek granatu i soków z liści na jełczenie oksydacyjne oleju słonecznikowego. Wyniki pokazują, że wszystkie skórki granatu i soki z liści dodane w różnych stężeniach do układu testowego wykazywały aktywność przeciwutleniającą. Ponadto analiza statystyczna wykazała, że zarówno skórki granatu, jak i soki z liści miały znaczący wpływ przeciwutleniający na stabilność oleju słonecznikowego.

Tabela 8. Wpływ surowego soku ze skórek w różnych stężeniach na jełczenie oksydacyjne oleju słonecznikowego.

System	Induction period (h)[1]	Antioxidant activity [2]
Sunflower oil (Control, C)	11.18 [a]	1.00
C + BHT (200 ppm)	13.91 [b]	1.24
C+ Peel juice (100 ppm)	13.23 [b]	1.18
C+ Peel juice (200 ppm)	15.12 [c]	1.42
C+ Peel juice (400 ppm)	16.99 [c]	1.52

[1]Okres odnosi się do czasu (h) w punkcie przerwania dwóch ekstrapolowanych prostych części krzywej uzyskanych za pomocą aparatu rancimat.
[2]Aktywność Aktywność przeciwutleniająca (AA) została obliczona na podstawie następującego równania: AA = okres indukcji próbki / okres indukcji kontroli
Litery: a, b i c odnoszą się do istotnej różnicy na poziomie prawdopodobieństwa 1% (L.S.D =1,73).

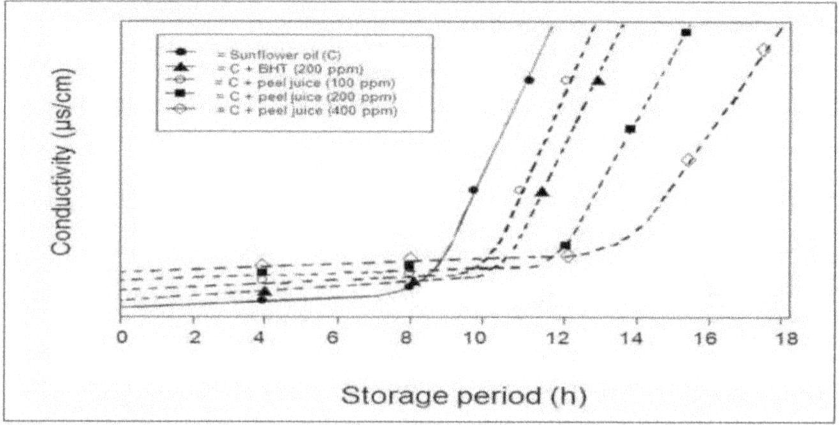

Rys. 7. Wpływ surowego soku ze skórek granatu w różnych stężeniach na utlenianie oleju słonecznikowego.

Tabela 9. Wpływ surowego soku z liści w różnych stężeniach na jełczenie oksydacyjne oleju słonecznikowego.

System	Induction period (h)[1]	Antioxidant activity [2]
Sunflower oil (Control, C)	11.18 [a]	1.00
C + BHT (200 ppm)	13.91 [b]	1.24
C+ leave juice (100 ppm)	12.98 [b]	1.16
C+ leave juice (200 ppm)	13.29 [b]	1.89
C+ leave juice (400 ppm)	15.14 [c]	1.35

[1]Okresodnosi się do czasu (h) w punkcie przerwania dwóch ekstrapolowanych prostych części krzywej uzyskanej przez aparat Rancimat.
[2]Aktywność Aktywność przeciwutleniająca (AA) została obliczona na podstawie następującego równania:
AA = okres indukcji próbki / okres indukcji kontroli
Litery: a, b i c odnoszą się do istotnej różnicy na poziomie prawdopodobieństwa 1% (L.S.D = 1,73).

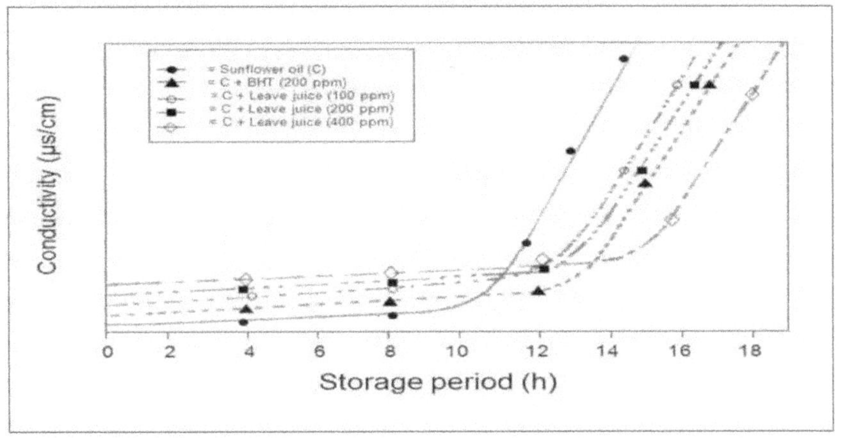

Rys. 8. Wpływ surowego soku z liści granatu w różnych stężeniach na utlenianie oleju słonecznikowego.

Korzystając z danych w tabelach 8 i 9, gdy względne stężenia skórek granatu i surowych soków z liści są wykreślane względem okresów indukcji, zgodnie z metodą Beddows i wsp. (2000) (ryc. 9), uzyskano liniową zależność. Oznacza to, że aktywność przeciwutleniająca skórek granatu i surowych soków z liści miała bezpośredni związek ze stężeniem związków polifenolowych. Podobne wyniki uzyskali Li i wsp. (2011) oraz Kaneria i wsp. (2012), którzy wykazali wysokie korelacje między składem fenolowym a aktywnością przeciwutleniającą granatu. Ponadto, sok z surowych skórek był znacznie bardziej aktywny w opóźnianiu utleniania oleju słonecznikowego niż sok z liści. Poziomy 200 i 400 ppm dla soku z granatów indukowały aktywność antyoksydacyjną podobną lub wyższą niż w przypadku układu zawierającego olej słonecznikowy i BHT (200 ppm). Powyższe dane ilustrują, że sok z surowych skórek dodawany do produktów spożywczych, zwłaszcza do lipidów i żywności zawierającej lipidy, może wydłużyć okres przydatności do spożycia poprzez opóźnienie peroksydacji lipidów.

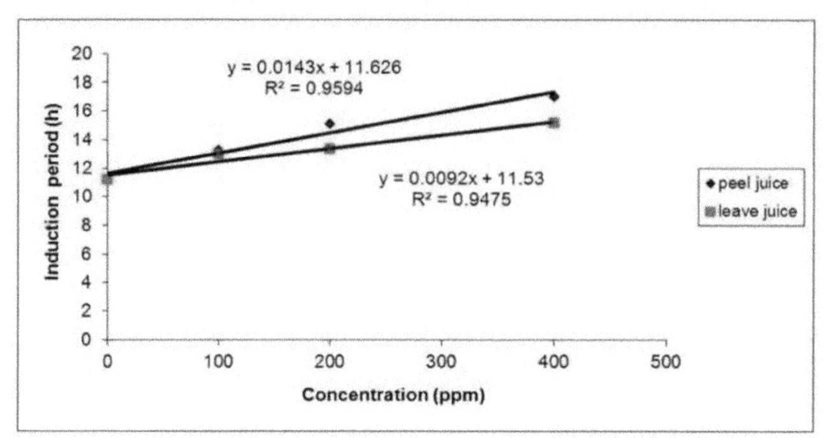

Rys. 9. Zależność między różnymi stężeniami skórek granatu i surowych soków z liści a okresami indukcji jełczenia oksydacyjnego oleju słonecznikowego.

Syntetyczne przeciwutleniacze BHA, BHT i estry galusowe są podejrzewane o działanie rakotwórcze. Ponadto, BHT w stężeniu 200 ppm powodował znaczny wzrost poziomu cholesterolu we krwi.

Aktywność enzymów wątroby i nerek szczurów i poważnie zmieniła cechy tkanek tych narządów (Farag i in., 2006). Ponadto WHO zaleca stosowanie naturalnych przeciwutleniaczy, które mogą opóźniać lub hamować utlenianie lipidów lub innych cząsteczek poprzez hamowanie etapów inicjacji lub propagacji oksydacyjnej reakcji łańcuchowej (Velioglu i in., 1998). W związku z tym, stosowanie syntetycznych przeciwutleniaczy zostało mocno ograniczone, a obecnie panuje tendencja do zastępowania ich naturalnie występującymi przeciwutleniaczami. W związku z tym dane z niniejszej pracy sugerują, że sok ze skórek granatu może być odpowiednio stosowany jako suplement diety w celu opóźnienia lub zapobiegania utlenianiu lipidów, a także w leczeniu niektórych chorób wywoływanych przez wolne rodniki. Warto zauważyć, że działanie niektórych fenoli jest związane ze wzrostem aktywności enzymów antyoksydacyjnych (Chiang i in., 2006) oraz indukcją syntezy białek antyoksydacyjnych (Chung i in., 2006).

Wydaje się, że istnieje związek między skutecznością przeciwutleniającą a składem chemicznym związków fenolowych. Główną cechą strukturalną wymaganą do aktywności przeciwutleniającej jest pierścień fenolowy zawierający grupy hydroksylowe. Dowody na ten wymóg strukturalny są wspierane przez silne działanie przeciwutleniające dobrze znanego syntetycznego BHT i naturalnego przeciwutleniacza tymolu (Farag i in., 1989 i Topallar i in., 1997).

W tym kontekście Amjad i Shafighi (2013) poinformowali, że struktura chemiczna fenoli odgrywa rolę w aktywności zmiatania wolnych rodników, która zależy głównie od liczby i położenia grup hydroksylowych oddających wodór na pierścieniach aromatycznych cząsteczek fenolowych. Ponadto Balasundram et al. (2006) wspomnieli, że aktywność przeciwutleniająca związków fenolowych zależy od struktury, w szczególności od liczby i położenia grup hydroksylowych oraz charakteru podstawień na pierścieniu aromatycznym. Aktywność przeciwutleniającą BHT lub tymolu można powiązać z hamowaniem powstawania wodoronadtlenków. Pierwszym etapem utleniania lipidów jest oderwanie atomu wodoru od nienasyconego kwasu tłuszczowego, a następnie zaangażowanie tlenu daje rodnik nadtlenowy. Ogólnie rzecz biorąc, przeciwutleniacze hamują odrywanie atomu wodoru od nienasyconych kwasów tłuszczowych, co prowadzi do zmniejszenia tworzenia się wodoronadtlenków. Powszechnie wiadomo, że związki fenolowe działają jako donory wodoru w mieszaninie reakcyjnej, a zatem tworzenie wodoronadtlenków jest zmniejszone.

Wyniki niniejszej pracy są zgodne z tą teorią. Należy również wspomnieć, że surowy sok ze skórek indukował silniejsze działanie przeciwutleniające niż surowy sok z liści, ponieważ ten pierwszy ekstrakt zawiera 1,22 razy więcej polifenoli niż sok z liści. Wynik ten jest zgodny z ustaleniami Negi i Jayaprakasha (2003) oraz Naveena et al. (2008), gdzie moc przeciwutleniająca wzrastała wraz ze stężeniem fenoli w skórce.

Warto zauważyć, że niektóre badania wykazały, że kwas chlorogenowy i flawonoidy, w szczególności kwercetyna i jej pochodne glikozydowe, są głównymi związkami odpowiedzialnymi za właściwości przeciwutleniające (Silvia i in., 2011). Te klasy związków posiadają szerokie spektrum aktywności biologicznej, w tym właściwości zmiatania rodników (Balasundram i in., 2006). Warto wspomnieć, że dane HPLC (Farag i in., 2014) wykazały, że kwas chlorogenowy był obecny zarówno w skórkach, jak i sokach z liści jako niewielki składnik (<10% - >1%), a zatem dodaje wagi naszym odkryciom. Co więcej, Amjad i Shafighi (2012) wspomnieli, że kwas elagowy, jako członek fenoli, jest uważany za odgrywający ważną rolę w aktywności przeciwutleniającej. Kwas ten może reagować z wolnymi rodnikami ze względu na jego zdolność do chelatowania z kationami metali, silnym utleniaczem przeciwko peroksydacji lipidów w mitochondrium i mikrosomach. Na podstawie powyższych danych można zinterpretować silne działanie przeciwutleniające składników surowego soku ze skórek granatu na dwa główne podstawowe czynniki, tj. zmiatanie wolnych rodników i chelatowanie kationów mineralnych. Wyniki niniejszego badania sugerują wykorzystanie surowego soku ze skórek granatu jako naturalnego przeciwutleniacza, ponieważ jest on prawie bezcenny, bezpieczny i wywołuje silne działanie przeciwutleniające w porównaniu do dobrze znanego BHT, syntetycznego przeciwutleniacza.

ROZDZIAŁ 5

PODSUMOWANIE

Owoce granatu są szeroko stosowane w wielu różnych kulturach i krajach od tysięcy lat. Owoce granatu zyskały dużą popularność na przestrzeni lat. Owoce granatu są powszechnie łączone z poprawą zdrowia serca i innymi różnymi twierdzeniami, w tym ochroną przed rakiem prostaty i spowolnieniem utraty chrząstki w zapaleniu stawów.

W niniejszym badaniu liście i skórki roślin granatu, odmiany Wonderful, zostały ręcznie oddzielone i mechanicznie sprasowane w celu uzyskania surowych soków. Te ostatnie materiały zostały poddane określeniu składu chemicznego brutto surowych soków z liści i skórek części roślin granatu, oszacowaniu niektórych fitochemikaliów oraz ilościowemu określeniu całkowitej zawartości fenoli, flawonoidów, garbników i antocyjanów w surowych sokach z granatu, jakościowa i ilościowa charakterystyka związków polifenolowych w surowych sokach z liści i skórek granatu za pomocą aparatu HPLC oraz ocena aktywności przeciwutleniającej skórek i surowych soków z liści granatu poprzez oznaczenie DPPH, siły redukującej i okresu indukcji za pomocą aparatu rancimat.

Wyniki można podsumować w następujący sposób:

1. Skład chemiczny brutto wykazał, że surowy sok ze skórek zawierał duże ilości surowego białka i węglowodanów ulegających hydrolizie ogółem, odpowiednio 1,42 i 2,5 razy więcej niż surowy sok z liści. Warto zauważyć, że sok z liści był wolny od surowych włókien. Ten ostatni parametr był jednak obecny w soku z surowych skórek jako składnik o mniejszym znaczeniu (< 10% - > 1%). Niniejsze dane wskazują, że surowy sok ze skórek może być wykorzystywany jako źródło włókna surowego i węglowodanów ulegających hydrolizie ogółem.
2. Badania fitochemiczne wykazały, że sok ze skórek granatu zawierał węglowodany, cukry redukujące, związki fenolowe jako główne składniki (> 10%). Białka, aminokwasy, garbniki i flawonoidy były obecne w soku ze skórek granatu jako składniki drugorzędne (< 10% - > 1%). Natomiast glikozydy, alkaloidy, saponiny i sterole występowały jako substancje śladowe (< 1%). Warto zauważyć, że surowy sok ze skórek granatu odmiany Wonderful zawierał większe ilości węglowodanów, białek, fenoli i garbników niż surowy sok z liści. Z

drugiej strony, części botaniczne granatu (liście i skórki) zawierały prawie takie same ilości glikozydów, aminokwasów, alkaloidów, steroli i olejków eterycznych. Ilość saponin w surowym soku z liści była wyższa niż w surowym soku ze skórek.

3. Sok ze skórek granatu zawierał duże ilości polifenoli i flawonoidów, odpowiednio około 1,22 i 1,43 razy więcej niż sok z liści.

4. Surowy sok ze skórek granatu miał wyższe wartości tanin i antocyjanów, odpowiednio 1,16 i 1,29 razy większe niż surowy sok z liści.

5. HPLC zastosowano do scharakteryzowania związków polifenolowych w sokach z liści i skórek granatu. Z surowych soków ze skórek i liści granatu wyodrębniono odpowiednio dwanaście i sześć związków polifenolowych. Podstawowymi związkami występującymi w sokach ze skórek i liści granatu były odpowiednio kwas galusowy, kwas protokatechowy i kwas galusowy, 3-hydroksytyrozol.

6. Surowy sok ze skórek wykazywał silniejsze działanie przeciwutleniające niż surowy sok z liści, będąc około 6,59 razy większym niż działanie soku z liści w teście 2,2-difenylo-1-pikrylo-hydrazylu (DPPH). Ponadto, surowy sok ze skórek wykazywał silniejszą moc redukującą niż sok z liści. Wyniki aktywności przeciwutleniającej surowych soków ze skórek granatu i liści, które oceniano za pomocą aparatu rancimat, wykazały, że zarówno surowe soki ze skórek granatu, jak i liści dodane w różnych stężeniach do układu testowego, wykazywały działanie przeciwutleniające na stabilność oleju słonecznikowego.

7. Analiza statystyczna wykazała, że istnieje dodatnia korelacja między zawartością polifenoli a aktywnością przeciwutleniającą surowych soków z granatów.

8. Wyniki niniejszego badania sugerują, że surowy sok ze skórek granatu może być stosowany jako naturalny przeciwutleniacz, ponieważ jest prawie bezcenny, bezpieczny i wywołuje silne działanie przeciwutleniające w porównaniu do dobrze znanego BHT, syntetycznego przeciwutleniacza.

Badanie zaleca w szczególności stosowanie surowego soku ze skórek granatu w kilku dziedzinach dla zdrowia ludzkiego.

ROZDZIAŁ 6

ODNIESIENIA

Abdel Moneim, A.E. (2012). Ocena potencjalnej roli skórki granatu w wywołanym przez aluminium stresie oksydacyjnym i zmianach histopatologicznych w mózgu samic szczurów. Biol. Trace Elem. Res., 150:328-336.

Abdel Moneim, A.E.; Othman, M.S.; Mohmoud, S.M. i EL-Deib, K.M., (2013). Skórka granatu łagodzi toksyczność wątrobowo-nerkową wywołaną aluminium. Toxicol. Mech. Methods, 23(8):624-633.

Abdou, H.S.; Salah, S.H.; Boolesand, H.F. i Abdel Rahim E.A. (2012). Effect of pomegranate pretreatment on genotoxicity and hepatotoxicity induced by carbon tetrachloride (CCl_4) in male rats. J. Med. Plants Res., 6(17):3370-3380.

Adams, L.S.; N.P. Seeram, B.B.; Aggarwal, Y.; Takada, D.S. i Heber, D. (2006). Sok z granatów, całkowite elagitaniny granatu i punicalagin hamują sygnalizację komórek zapalnych w komórkach raka okrężnicy. J. Agric. Food Chem., 54:980-985.

Adhami, V.M. i Mukhtar, H. (2006). Polifenole z zielonej herbaty i granatu w profilaktyce raka prostaty. Free Rad. Res., 40(10): 1095104.

Adhami, V.M.; Khan, N. i Mukhtar, H. (2009). Chemoprewencja raka przez granat: dowody laboratoryjne i kliniczne. Nutr. Cancer, 61:811-815.

Afaq, F.; Saleem, M. i Mukhtar, H. (2003). Pomegranate fruit extract is a novel agent for cancer chemoprevention; Studies in mouse skin. 2nd annual AACR Conference on Frontiers in Cancer Prevention Res., pp: 135-142.

Ahirrao S.D. i Surywanshi S.P. (2013). Badania fitochemiczne i aktywność przeciwdrobnoustrojowa ważnych medycznie roślin Punica granatum L skórki przeciwko różnym mikroorganizmom. Int. J. Sci. Innovations and Discoveries, 3(3):330-335.

Akbarpour, V.; Hemmati, K. i Sharifani, M. (2009). Właściwości fizyczne i chemiczne owoców granatu (Punica granatum L.) w fazie dojrzewania. Am- Euras. J. Agric. Environ. Sci., 6:411-416.

Akhtar, S.; Ismail, T.; Fraternale, D. i Sestili, P. (2015). Skórka granatu i ekstrakty ze skórki: Chemistry and food features. Food Chem., 174:417-425.

Ali, S.I.; El-Baz, F.K.; El-Emary, G.A.E.; Khan, E.A. i Mohamad, A.A. (2014). Analiza HPLC związków polifenolowych i aktywności zmiatania wolnych rodników owoców granatu (Punica granatum L.). Int. J. Pharm. Clin. Res., 6(4): 348-355.

Alighourchi, H. i Barzegar, M. (2009). Some physicochemical characteristics and degradation kinetic of anthocyanin of reconstituted pomegranate juice during storage. J. Food Eng., 90, 179-185.

Allen, J.C. i Hamilton, R.J. (1983). Rancidity in foods. London and New York: Applied Science Publishers, PP. 85-173.

Al-Maiman, S.A. i Ahmad, D. (2002). Zmiany właściwości fizycznych i chemicznych podczas dojrzewania owoców granatu (Punica granatum L.). Food Chem., 76:437-441.

Al-Muammar, M. N., i Khan, F. (2012). Otyłość: The preventive role of the granat (Punica granatum). Nutr., 28(6):595-604.

Al Olayan, E.M.; El Khadragy, M.F.; Metwally, D.M. i Abdel Moneim A.E. (2014). Ochronne działanie soku z granatu (Punica granatum) na jądra przed zatruciem czterochlorkiem węgla u szczurów. BMC Compl Alter .Med., 14:164:1-9.

Al-Rawahi, A.S.; Edwards, G.; Al-Sibani, M.; Al-Thani, G.; Al-Harrasi, A.S. i Rahman, M.S. (2014). Składniki fenolowe skórki granatu *(Punica granatum* L.) uprawianego w Omanie. European J. Med. Plants, 4(3): 315331.

Al-Said, F.A.; Opara, U.L. i Al-Yahyai, R.A. (2009). Physico-chemical and textural quality attributes of pomegranate cultivars (*Punica granatum* L.) grown in the Sultanate of Oman. J. Food Eng., 90:129-134.

Al-Zoreky, N. S. (2009). Aktywność przeciwdrobnoustrojowa skórek owoców granatu (*Punica granatum* L.). Int. J. Food Microbiol., 134: 244-248.

Amakura, Y.; Okada, M.; Tsuji, S. i Tonogai, Y. (2000). High performance liquid chromatographic determination with photodiode array detection of ellagic acid in fresh and processed fruits. J. Chromatogr. A, 896:87-93.

Amjad, L. i Shafighi, M. (2012). Aktywność przeciwutleniająca różnych ekstraktów z liści *Punica granatum*. Int. J. Biol. Med. Res., 3(3):2065-2067.

Amjad, L. i Shafighi, M. (2013). Ocena aktywności przeciwutleniającej, zawartości fenoli i flawonoidów w kwiatach *Punica granatum* var. Isfahan Malas. Int. J. Agric. Crop Sci., 5(10):1133-1139.

Angiosperm Phylogeny Group (APG II) (2003). Aktualizacja klasyfikacji Angiosperm Phylogeny Group dla rzędów i rodzin roślin kwiatowych: APG II. Bot. J. Linn. Soc., 141:399-436.

Angiosperm Phylogeny Group (APG III) (2009). Aktualizacja klasyfikacji Angiosperm Phylogeny Group dla rzędów i rodzin roślin kwiatowych: APG III. Bot. J. Linn. Soc., 161:105-121.

Anoosh, E.; Mojtaba, E. i Fatemeh, S. (2010). Badanie wpływu soku z dwóch odmian granatu na obniżenie poziomu cholesterolu LDL w osoczu. Procedia - Soc. Behav. Sci., 2(2):620-623.

Ardekani, M.R.S.; Hajimahmoodi, M.; Oveisi, M.Z.; Sadeghi, N.; Jannat, B.; Ranjbar, A.; Gholam, N. and Moridi, T. (2011). Comparative antioxidant activity and total flavonoid content of Persian granatum (Punica granatum L.) cultivars. Iranian J. Pharm. Res.,10(3):519-524.

Stowarzyszenie Oficjalnych Chemików Analitycznych (AOAC). Oficjalne metody analizy. 2000. 17 Ed. Gaithersburg, MD, USA.

Aviram, M. i Dornfeld, L. (2001). Spożywanie soku z granatów hamuje aktywność konwertazy angiotensyny w surowicy i obniża skurczowe ciśnienie krwi. Atherosclerosis, 158(1):195-198.

Aviram, M.; Dorafeld, L.; Rosenblat, M.; Volkova, N.; Kaplan, M.; Coleman, R.; Hayek, T.; Presser, D. i Fuhrman, B. (2000). Spożywanie soku z granatów zmniejsza stres oksydacyjny, aterogenne modyfikacje LDL i agregację płytek krwi: Studies in humans and in atherosclerotic apolipoprotein E-deficient mice. Amer. J. Clin. Nutr., 71:1062-1076.

Aviram, M.; Rosenblat, M.; Gaitini, D.; Nitecki, S.; Hoffman, A.; Dornfeld, L.; Volkova, N.; Presser, D.; Attias, J.; Liker, H. and Hayek, T. (2004). Spożywanie soku z granatów przez 3 lata przez pacjentów ze zwężeniem tętnicy szyjnej zmniejsza grubość błony wewnętrznej i środkowej tętnicy szyjnej, ciśnienie krwi i utlenianie LDL. Clin. Nutr., 23:423-433.

Aviram, M.; Volkova, N.; Coleman, R.; Dreher, M.; Reddy, M. K.; Ferreira, D. and Rosenblat, M. (2008). Fenole granatu ze skórki, łupin i kwiatów mają działanie przeciwmiażdżycowe: Badania in vivo na myszach z miażdżycowym niedoborem apolipoproteiny E (E-o) oraz in vitro na hodowanych makrofagach i upoproteinach. J. Agric. Food Chem., 56(3):1148-1157.

Azadzoi, K.M.; Schulman, R.N.; Aviram, M. and Siroky, M.B. (2005). Oxidative stress in arteriogenic erectile dysfunction: prophylactic role of antioxidants. J. Urol., 174:386-393.

Balasundram, N.; Sundram, K. i Samman, S. (2006). Związki fenolowe w roślinnych i rolno-przemysłowych produktach ubocznych: aktywność przeciwutleniająca, występowanie i potencjalne zastosowania. Food Chem., 99:191-203.

Barzegar, M.; Yasoubi, P.; Sahari, M.A. i Azizi, M.H. (2007). Całkowita zawartość fenoli i aktywność przeciwutleniająca ekstraktów ze skórki granatu (Punica granatum L.). J. Agric. Sci. Technol., 9:35-42.

Beddows, C.G.; Jagait, C. i Kelly, M.J. (2000). Zachowanie a-tokoferolu w oleju słonecznikowym przez zioła i przyprawy. Int. J. Food Sci. Nut., 29:33-37.

Ben Nasr, C.; Ayed, N. i Metche, M. (1996). Ilościowe oznaczanie zawartości polifenoli w skórce granatu. Z Lebensm. Unters. Forsch., 203:374.

Beretta, G.; Rossoni, G.; Alfredo Santagati, N. i Maffei Facino, R. (2009). Anti-ischemic activity and endothelium-dependent vasorelaxant effect of hydrolysable tannins from the leaves of Rhus coriaria (Sumac) in isolated rabbit heart and thoracic aorta. Planta Med., 75(14):1482-1488.

Bhandary, S.K.; Kumari, N.S.; Bhat , V.S.; Sharmila, K.P. i Bekal, M.P. (2012). Preliminary phytochemical screening of various extracts of punica granatum peel, whole fruit and seeds. Nitte University J. Health Sci., 2(4): 34-38.

Bligh, E.G. i Dyer, W.J. (1959). Szybka metoda ekstrakcji i oczyszczania lipidów całkowitych. Can. J. Biochem. Physiol., 37:911-917.

Caceres, A.; Giron, L.M.; Alvarado, S.R. i Torres M.F. (1987). Screening of antimicrobial activity of plants popularly used in Guatemala for treatment of dermatomucosal diseases. J. Ethnopharmacol., 20:223-237.

Caliskan, O. i Bayazit, S. (2012). Phytochemical and antioxidant attributes of autochthonous Turkish pomegranates. Sci. Hortic., 147:81-88.

Cam, M. i Hi$il, Y. (2010). Ekstrakcja polifenoli ze skórek granatu wodą pod ciśnieniem. Food Chem., 123:878-885.

Cavalcanti, R. N.; Navarro-Diaz, H.J.; Santos, D.T.; Rostagno, M.A.; Meireles, M. i Angela A. (2012). Ekstrakcja nadkrytycznym dwutlenkiem węgla polifenoli z liści granatu (Punica granatum L.): Skład chemiczny, ocena ekonomiczna i podejście chemometryczne. J. Food Res., 1(3):282-294.

Celik, I.; Temur, A. i Isik, I. (2009). Hepato protective role and antioxidant capacity of granat *(Punica granatum)* flowers infusion against trichloro acetic acid- exposed in rats. Food Chem. Toxicol., 47(1): 145-149.

Chiang, A.; Wu, H.; Chu, C.; Lin, C. i Lee, W. (2006). Działanie przeciwutleniające ekstraktu z czarnego ryżu poprzez indukcję aktywności dysmutazy ponadtlenkowej i katalazy. Lipids 41:797-803.

Chidambara Murthy, K.N.; Jayaprakasha, G.K. i Singh, R.P. (2002). Badania nad aktywnością przeciwutleniającą ekstraktu ze skórki granatu (*Punica granatum*) przy użyciu modeli *in vivo*. J. Agric. Food Chem., 50(17):4791-4795.

Choi, J.G.; Kang, O.H.; Lee, Y.S.; Chae, H.S.; Oh, Y.C.; Brice, O.O.; Kim, M.S.; Sohn, D.H.; Kim, H.S.; Park, H.; Shin, D.W.; Rho, J.R. and Kwon D.Y. (2011). *In vitro* and *in vivo* antibacterial activity of *Punica granatum* peel ethanol extract against *Salmonella*. Evid. Based Complement. Alternat. Med., 1-8.

Chung, M.J.; Walker, P.A. i Hogstrand, C. (2006). Dietetyczne przeciwutleniacze fenolowe, kwas kawowy i Trolor, chronią komórki skrzeli pstrąga tęczowego przed apoptozą indukowaną tlenkiem azotu. Aqual Toxicol., 80:321-328.

Clark, T.E.; Appleton, C.C. i Drewes, S.E. (1997). A semi-quantitative approach to the selection of appropriate candidate plant molluscicides - a South African application. J. Ethnopharmacol., 56:1-13.

Curro, S.; Caruso, M.; Distefano, G.; Gentile, A. i La Malfa, S. (2010). Nowe loci mikrosatelitarne dla granatu, Punica granatum (Lythraceae). Am. J. Bot., 97: 58-60.

Cuvelier, M.E.; Richard, H. i Berst, C. (1992). Porównanie aktywności antyoksydacyjnej niektórych kwaśnych fenoli: zależność struktura-aktywność. Biosci. Biotechnol. Biochem., 56:324-325.

Dahham, S.S.; Ali, M.N.; Tabassum, H. i Khan, M. (2010). Studies on antibacterial and antifungal activity of pomegranate (Punica granatum L.), American-Eurasian J. Agric. Environ. Sci., 9(3):273-281.

Dahlawi, H.; Jordan-Mahy, N.; Clench, M.; McDougall, G.J. i Le Maitre, C.L. (2013). Polifenole są odpowiedzialne za proapoptotyczne właściwości soku z granatu na liniach komórkowych białaczki. Food Sci. Nutr., 1(2):196- 208.

De Nigris, F.; Balestrieri, M.L.; Williamsignarro, S.; D'Armiento, F.P.; Fiorito, C., Ignarro, L.J. i Napoli, C. (2007). Wpływ ekstraktu z owoców granatu w porównaniu ze zwykłym sokiem z granatów i olejem z nasion na tlenek azotu i funkcję tętnic u otyłych szczurów Zucker. Nitric Oxide, 17:50-54.

De Nigris, F.; Williams-Ignarro, S.; Lerman, L.O.; Crimi, E.; Botti, C.; Mansueto, G.; D'Armiento, F.P.; De Rosa, G.; Sica, V.; Ignarro, L.J. and Napol, C. (2005). Korzystny wpływ soku z granatów na geny wrażliwe na utlenianie i aktywność śródbłonkowej syntazy tlenku azotu w miejscach zaburzonego stresu ścinającego. Proc. Natl. Acad. Sci. USA, 102(13):4896-4901.

Dkhil, M.A.; Al-Quraishy, S. i Abdel Moneim, A.E. (2013). Wpływ soku z granatu (Punica granatum L.) i metanolowego ekstraktu ze skórki na jądra samców szczurów. Pakistan J. Zool., 45(5):1343-1349.

Du, C.T.; Wang, P.L. i Francis, F.J. (1975). Anthocyanins of pomegranate, Punica granatum. J. Food Sci., 40(2):417- 418.

Dubois, M.; Gilles, K.A.; Hamilton, J.K.; Rebers, P.A. i Smith, F. (1956). Kolorymetryczna metoda oznaczania cukrów i substancji pokrewnych. Anal. Chem., 28(3): 350-356.

Elango, S.; Balwas, R. i Padma, V. V. (2011). Kwas galusowy wyizolowany z ekstraktu ze skórki granatu indukuje apoptozę za pośrednictwem reaktywnych form tlenu w linii komórkowej A549. J. Cancer Therapy, 2: 638-45.

El-falleh, W.; Hannachi, H.; Tlili, N.; Yahia, Y.; Nasri, N. and Ferchichi, A. (2012).Total phenolic contents and antioxidant activities of granate peel, seed, leaf and flower. J. Med. Plants Res., 6: 4724-4730.

El-falleh, W.; Tlili, N.; Nasri, N.; Yahia, Y.; Hannachi, H.; Chaira, N.; Ying, M. and Ferchichi, A. (2011). Zdolności przeciwutleniające związków fenolowych i tokoferoli z tunezyjskich owoców granatu (Punica granatum). J. Food Sci., 76:707-713.

El-Khateeb, A.Y.; Elsherbiny, E.A.; Tadros, L.K.; Ali, S.M. i Hamed, H.B. (2013). Phytochemical analysis and antifungal activity of fruit leaves extracts on the mycelial growth of fungal plant pathogens. J. Plant Path. Micro. 4(9):1- 6.

El-Nemr, S.E.; Ismail, I.A. i Ragab, M. (1990). Skład chemiczny soku i nasion owoców granatu. Nahrung, 7:601-606.

Endo, E.H.; Garcia Cortez, D.A.; Ueda-Nakamura, T.; Nakamura, C.V. and Dias Filho, B.P. (2010). Potent antifungal activity of extracts and pure compound isolated from granate peels and synergism with fluconazole against Candida albicans. Res. Microbiol., 161(7):534-540.

Falsaperla, M.; Morgia, G.; Tartarone, A.; Ardito, R. i Romano, G. (2005). Wsparcie terapii kwasem elagowym u pacjentów z hormonoopornym rakiem prostaty (HRPC) poddawanych standardowej chemioterapii z zastosowaniem winorelbiny i fosforanu estramustyny. Eur. Urol., 47(4):449-454.

Fanali, C.; Dugo, L.; D'Orazio, G.; Lirangi, M.; Dacha, M.; Dugo, P. i Mondello, L. (2011). Analysis of anthocyanins in commercial fruit juices by using nano-liquid chromatography electrospray- mass spectrometry and high-performance liquid chromatography with UV-Vis detector. J. Sep. Sci., 34:150-159.

Farag, R.S.; Badi, A.Z. i El-Baroty, G.S. (1989). Wpływ olejków eterycznych z tymianku i goździków na utlenianie oleju z nasion bawełny. J. Am. Oil Chem. Soc., 66:792-799.

Farag, R.S.; Mahmoud, E.A.; Basuny, A.M. and Ali, R.F.M. (2006). Wpływ surowego soku z liści oliwek na funkcje wątroby i nerek szczurów. Intr. J. Food Sci. Tech., 41:790-798.

Farag, R.S.; El-Baroty, G.S. i Basuny, A.M. (2003). The influence of phenolic extracts obtained from the olive plant (cvs. Picual and Kronakii), on the stability of sunflower oil. Intr. J. Food Sci. Technol., 38:81-87.

Farag, R.S.; Abdel-Latif, M.S.; Emam, S.S. and Tawfeek, L.S. (2014). Phytochemical screening and polyphenol constituents of pomegranate peels and leave juices. Landmark Res. J.

Agric. Soil Sci., 1(6):86-93.

Faria, A.; Calhau, C.; De Freitas, V. i Mateus, N. (2006). Procyjanidyny jako przeciwutleniacze i modulatory wzrostu komórek nowotworowych. J. Agric. Food. Chem., 54:2392-2397.

Ferrara, G.; Giancaspro, A.; Mazzeo, A.; Giove, S.L.; Matarrese, A.M.S.; Pacucci, C.; Punzi, R.; Trani, A.; Gambacorta, G.; Blanco, A. and Gadaleta, A. (2014). Charakterystyka genotypów granatu (Punica granatum L.) zebranych w regionie Apulia, południowo-wschodnie Włochy. Sci. Hort., 178:70-78.

Firestone, D.; Stier, R. F. i Blumenthal, M. (1991). Regulacja tłuszczów i olejów do smażenia. Food Technol., 45(2):90-94.

Foss, S.R.; Nakamura, C.V.; Ueda-Nakamura, T.; Cortez, D.A.G.; Endo, E.H. and Filho, B.P.D. (2014). Aktywność przeciwgrzybicza ekstraktu ze skórki granatu i wyizolowanego związku punicalagin przeciwko dermatofitom. Ann. Clin. Microbiol. Antimicrob., 13(1):32-37.

Gil, M.I.; Tomas-Barberan, F.A.; Hess-Pierce, B.; Holcroft, D.M. and Kader, A.A. (2000). Aktywność przeciwutleniająca soku z granatów i jej związek ze składem fenolowym i przetwarzaniem. J. Food Chem., 48(10):4581-4589.

Guo, C.; Wei, J.; Yang, J.; Xu, J.; Pang, W. i Jiang, Y. (2008). Sok z granatów jest potencjalnie lepszy niż sok jabłkowy w poprawie funkcji antyoksydacyjnych u osób starszych. Nutr. Res., 28:72-77.

Harborne, J.B. (1973). Metody fitochemiczne: Przewodnik po nowoczesnych technikach analizy roślin. 2nd edn, Chapman and Hall, New York, pp. 88-185.

Hassoun, E.A.; Vodhanel, J. i Abushaban, A. (2004). Modulujący wpływ kwasu elagowego i bursztynianu witaminy E na stres oksydacyjny wywołany przez TCDD w różnych regionach mózgu szczurów po ekspozycji subchronicznej. J. Biochem. Mol. Toxicol., 18: 196-203.

Hegde, C.R.; Madhuri, M.; Nishitha, S.T.; Arijit, D.; Sourav, B. and Rohit, K.C. (2012). Evaluation of antimicrobial properties, phytochemical contents and antioxidant capacities of leaf extracts of Punica granatum L. ISCA J. Biological Sci., 1(2):32-37.

Holland, D.; Hatib, K. i Bar-Ya'**akov,** I. (2009). Granat: botanika, ogrodnictwo, hodowla. Hortic. Rev., 35:127-191.

Hong, M.Y.; Seeram, N.P. i Heber, D. (2008). Polifenole granatu obniżają ekspresję genów syntetyzujących androgeny w ludzkich komórkach raka prostaty z nadmierną ekspresją receptora androgenowego. J. Nutr. Biochem., 19:848-855.

Houston, M.C. (2005). Nutraceutyki, witaminy, przeciwutleniacze i minerały w zapobieganiu i leczeniu nadciśnienia tętniczego. Prog. Cardiovasc. Dis., 47(6):396-449.

Huang, D.; Band, O. i Prior, R.L. (2005). Chemia stojąca za testami zdolności antyoksydacyjnej. J. Agric. Food Chem., 53:1841-1856.

Huang, T.H.W.; Peng, G.; Kota, B.P.; Li, G.Q.; Yamahara, J.; Roufogalis, B.D. and Li, Y. (2005). Działanie przeciwcukrzycowe ekstraktu z kwiatu Punica granatum: Aktywacja PPAR-y i identyfikacja aktywnego składnika. Toxicol. Appl. Pharm., 207(2):160-169.

Inabo H.I. i Fathuddin M.M. (2011). In vivo antitrypanosomal potentials of ethyl acetate leaf extracts of Punica granatum against Trypanosoma brucei brucei, Adv. Agr. Bio., 1:82-

88.

Iqbal, S.; Bhanger, M.I.; Akhtar, M.; Anwar, F.; Ahmed, K.R. i Anwer, T. (2006). Antioxidant properties of methanolic extracts from leaves of Rhazya stricta. J. Med. Food, 9(2):270-275.

Irvine, F. R. (1961). Woody Plants of Ghana - with special reference to their uses. Oxford University Press, London, 65.

Jahromi, S.B.; Pourshafie, M.R.; Mirabzadeh, E.; Tavasoli, A. Katiraee, F.; Mostafavi, E.; and Abbasian, S. (2015). Toksyczność ekstraktu ze skórki Punica granatum u myszy. Jundishapur J. Nat. Pharm. Prod., 10(4): 1-6.

Jassim, S.A.A. (1998). Kompozycja przeciwwirusowa lub przeciwgrzybicza zawierająca ekstrakt ze skórki granatu lub innych roślin oraz sposób jej stosowania. U.S. Patent 5840308.

Jeong, S.M.; Kim, S.Y.; Kim, D.R.; Nam, K.C.; Ahn, D.U. i Lee, S.C. (2004). Wpływ warunków prażenia nasion na aktywność przeciwutleniającą ekstraktów z odtłuszczonej mączki sezamowej. Food Chem. Toxicol., 69:377-381.

Jia, C. i Zia, C.A. (1998). Środek grzybobójczy wykonany z ekstraktu z chińskiego zioła leczniczego. Patent chiński 1181187.

Johann, S.; Silva, D.L.; Martins, C.V.B.; Zani, C.L.; Pizzolatti, M.G. and Resende, M.A. (2008). Inhibitory effect of extracts from Brazilian medicinal plants on the adhesion of Candida albicans to buccal epithelial cells. World J. Microb. Biot., 24(11):2459-2464.

Johanningsmeier, S.D. i Harris, G.K. (2011). Granat jako żywność funkcjonalna i źródło nutraceutyków. Annual Rev. Food Sci. Technol., 2:181-201.

Jurenka, J. (2008). Terapeutyczne zastosowania granatu (Punica granatum L.): A Review. Altern. Med. Rev., 13(2):128-144.

Kaneria, M.J.; Bapodara, M.B. i Chanda, S.V. (2012). Wpływ technik ekstrakcji i rozpuszczalników na aktywność przeciwutleniającą liści i łodygi granatu (Punica granatum L.). Food Anal. Method., 5(3):396-404.

Kaur, G.; Jabbar, Z.; Athar, M. i Alam, M.S. (2006). Ekstrakt z kwiatu Punica granatum (granatu) posiada silną aktywność przeciwutleniającą i znosi hepatotoksyczność indukowaną Fe-NTA u myszy. Food Chem. Toxicol., 44(7):984-993.

Khan, N.; i Mukhtar, H. (2007). Owoc granatu jako środek chemoprewencyjny raka płuc. Drugs Future, 32(6):549-554.

Khan, J.A. i Hanee, S. (2011). Właściwości antybakteryjne skórki Punica granatum. Int. J. Appl. Biol. Pharm. Technol., 2(3):23-27.

Khan, N.; Afaq, F.; Kweon, M.H.; Kim, K. i Mukhtar, H. (2007). Doustne spożycie ekstraktu z owoców granatu hamuje wzrost i progresję pierwotnych guzów płuc u myszy. Cancer Res., 67:3475-3482.

Khateeb, J.; Gantman, A.; Kreitenberg, A.J.; Aviram, M. i Fuhrman, B. (2010). Ekspresja paraoksonazy 1 (PON1) w hepatocytach jest regulowana w górę przez polifenole granatu: rola szlaku PPAR-gamma. Atherosclerosis, 208(1):119-125.

Kim, N.D.; Mehta, R.; Yu, W.; Neeman, I.; Livney, T.; Amichay, A.; Poirier, D.; Nicholls, P.; Kirby, A.; Jiang, W.; Mansel, R.; Ramachandran, C.; Rabi, T.; Kaplan, B and Lansky,

E. (2002). Chemoprewencyjny i adiuwantowy potencjał terapeutyczny granatu (Punica granatum) dla ludzkiego raka piersi. Breast Cancer Res. Treat., 71(3):203-217.

Kong, J.M.; Chia, L.S.; Goh, N.K.; Chia, T.F. i Brouillard, R. (2003). Analiza i aktywność biologiczna antocyjanów. Phytochem., 64(5):923-933.

Krueger, D.A. (2012). Skład soku z granatów. J. AOAC Int., 95(1):163-168.

Kulkarni, A.P.; Aradhya S.M. i Divakar, S. (2004). Isolation and identification of a radical scavenging antioxidant-punicalagin from pith and carpellary membrane of granate fruit. Food Chem., 87:551-557.

Kumar, M.; Dandapat, S. i Sinha, M.P. (2015). Badania fitochemiczne i aktywność przeciwbakteryjna wodnego ekstraktu z liści Punica granatum. Balneo Res. J., 6(3):168-171.

Lad, V. i Frawley, D. (1986). The Yoga of Herbs. Santa Fe, NM: Lotus Press, 135-136.

Lansky, E.P. i Newman, R.A. (2007). Punica granatum (granat) i jego potencjał w zapobieganiu i leczeniu stanów zapalnych i raka. J. Ethnopharmacol., 109(2):177-206.

Lansky, E.P.; Jiang, W.; Mo, H.; Bravo, L.; Froom, P.; Yu, W.; Harris, N.M.; Neeman, I. and Campbell, M.J. (2005). Possible synergistic prostate cancer suppression by anatomically discrete pomegranate fractions. Invest. New Drugs., 23:11-20.

Lee, K.G. i Shibumoto, J. (2002). Determination of antioxidant potentials of violatile extracts isolated from various herbs and spices. J. Agric. Food Chem., 50:4947-4955.

Lee, C.J.; Chen, L.G.; Liang, W.L. i Wang, C.C. (2010). Działanie przeciwzapalne Punica granatum Linne in vitro i in vivo. Food Chem., 118(2):315-322.

Legua, P.; Melgarejo, P.; Abdelmajid, H.; Martmez J.J.; Martmez R.; Ilham, H.; Hafida, H. and Hernandez, F. (2012). Całkowita zawartość fenoli i zdolność przeciwutleniająca w 10 marokańskich odmianach granatu. J. Food Sci., 77:115-120.

Lei, F.; Zhang, X.N.; Wang, W.; Xing, D.M.; Xie, W. D.; Su, H. i Du, L. J. (2007). Dowody na działanie przeciw otyłości ekstraktu z liści granatu u myszy z otyłością wywołaną dietą wysokotłuszczową. Int. J. Obesity, 31(6):1023-1029.

Lercker, G. i Rodriguez-Estrada, M.T. (2000). Analiza chromatograficzna niezmydlających się związków oliwy z oliwek i żywności zawierającej tłuszcz. J. Chromatogr. A, 881(1-2):105-129.

Li, J.; He, X.; Li, M.; Zhao, W.; Liu, L. i Kong, X. (2015). Chemiczny odcisk palca i analiza ilościowa do kontroli jakości polifenoli ekstrahowanych ze skórki granatu metodą HPLC. Food Chem., 176(1):7-11.

Li, P.; Huo, L.; Su, W.; Lu, R.; Deng, C.; Liu, L.; Deng, Y.; Guo, N.; Lu, C. and He, C. (2011). Free radical-scavening capacity, antioxidant activity and phenolic content of Pouzolza zeylanica. J. Serb. Chem. Soc., 76(5):709-717.

Loren, D.J.; Seeram, N.P.; Schulman, R.N. i Holtzman, D.M. (2005). Maternal diet supplementation with granate juice is neuroprotective in an animal model of neonatal hypoxic-ischemic brain injur. Pediatric Res., 57:858864.

Machado, T.B.; Pinto, A.V.; Pinto, M.C.F.R.; Leal, I.C.R.; Silva, M.G.; Amaral, A.C.F.; Kuster, R.M. and Nett-dosSantos, K.R., (2003). In vitro activity of Brazilian medicinal plants, naturally occurring naphthoquinones and their analogues against methicillin-resistant

Staphylococcus aureus. Int. J. Antimicrob. Agents, 21:279-284.

Malik, A.; Afaq, F.; Sarfaraz, S.; Adhami, V.; Syed, D. i Mukhtar, H. (2005). Sok z owoców granatu w chemoprewencji i chemioterapii raka prostaty. Proc. Natl. Acad. Sci. USA, 102:14813-14818.

Marston, A.; Maillard, M. i Hostettmann, K. (1993). Poszukiwanie związków przeciwgrzybiczych, mięczakobójczych i larwobójczych z afrykańskich roślin leczniczych. J. Ethnopharmacol., 38: 215-223.

Mayer, W.; Go'rner, A. i Andra, K. (1977). Punicalagin und punicalin, zwei gerbstoffe aus den schalen der granata" pfel. Liebigs. Ann. Chem., 1977(11-12):1976-1986.

Mena, P.; Girones-Vilaplana, A.; Mart, N. i Garca-Viguera, C. (2012). Wina odmianowe z granatu: Skład fitochemiczny i parametry jakościowe. Food Chem., 133:108-115.

Mendez, E.; Sanhueza, J.; Speisky, H. i Valenzuela, A. (1996). Walidacja testu rancimat do oceny względnej stabilności olejów rybnych. J. Am. Oil Chem. Soc., 73:1033-1037.

Mertens-Talcott, S.U. i Percival, S.S. (2005). Kwas elagowy i kwercetyna oddziałują synergistycznie z resweratrolem w indukcji apoptozy i powodują przejściowe zatrzymanie cyklu komórkowego w komórkach białaczki ludzkiej. Cancer Lett., 218:141-151.

Mertens-Talcott, S.U. Jilma-Stohlawetz, P.; Rios, J.; Hingorani, L. i Derendorf, H. (2006). Wchłanianie, metabolizm i działanie przeciwutleniające polifenoli granatu (Punica granatum L.) po spożyciu standaryzowanego ekstraktu u zdrowych ochotników. J. Agric. Food Chem., 54(23):8956-8961.

Mertens-Talcott, S.U.; Bomser, J.A.; Romero, C.; Talcott, S.T. i Percival, S.S. (2005). Ellagic acid potentiates the effect of quercetin on p21wafl/cip1, p53, and MAP-kinases without affecting intracellular generation of reactive oxygen species in vitro. J. Nutr., 135(3):609-614.

Miguel, G.; Dandlen, S.; Antunes, D.; Neves, A. and Martins, D. (2004). Wpływ dwóch metod ekstrakcji soku z granatu (Punica granatum L.) na jakość podczas przechowywania w temperaturze 4 °C. J. Biomed. Biotech., 5:332-337.

Ming, D.; Pham, S.; Deb, S.; Chin, M.Y.; Kharmate, G.; Adomat, H.; Beheshti, E.H.; Locke, J. and Guns, E.T. (2014). Ekstrakty z granatu wpływają na szlaki biosyntezy androgenów w modelach raka prostaty in vitro i in vivo. J. Steroid. Biochem. Mol. Biol., 143:19-28.

Modaeinama, S.; Abasi, M.; Abbasi, M.M. i Jahanban-Esfahlan, R. (2015). Właściwości przeciwnowotworowe ekstraktu ze skórki Punica granatum (granatu) w różnych ludzkich komórkach nowotworowych. Asian Pac. J. Cancer Prev., 16(14), 5697-5701

Mohammed, S. i Abd Manan, F. (2015). Analiza całkowitej zawartości fenoli, garbników i flawonoidów z ekstraktu z nasion Moringa oleifera. J. Chem. Pharm. Res., 7(1):132-135.

Moure, A.; Cruz, J.M.; Franco, D.; Dommguez, J.M.; Sineiro, J. i Dommguez, H. (2001). Naturalne przeciwutleniacze z pozostałych źródeł. Food Chem., 72:145-171.

Mousavijenad, G.; Emam-Djomeh, Z.; Rezai, K. i Khodaparast, M.H.H. (2009). Identification and quantification of phenolic compounds and their effects on antioxidant activity in pomegranate juices of eight Iranian cultivars. Food Chem., 115:1274-1278.

Moussa, A.M.; Emam, A.M.; Diab Y.M.; Mahmoud, M.E. i Mahmoud, A.S. (2011). Evaluation of antioxidant potential of 124 Egyptian plants with emphasis on the action of Punica granatum leaf extract on rats, Int. Food Res. J., 18: 535-542.

Mutreja, R. i Kumar, P. (2015). Porównanie właściwości przeciwutleniających ekstraktu ze skórki granatu różnymi metodami. Międzynarodowa konferencja na temat nauk chemicznych, rolniczych i biologicznych (CABS-2015) 4-5 września 2015 r. Stambuł (Turcja). 15-21.

Nair, R.R. i Chanda, S.V. (2005). Punica granatum: potencjalne źródło jako lek przeciwbakteryjny. Asian J. Microbiol., Biotechnol. Environm. Sci., 7(4):625-628.

Naqvi, S.A.; Khan, M.S. i Vohora, S.B. (1991). Antibacterial, antifungal, and antihelminthic investigations on Indian medicinal plants. Fitoterapia., 62:221-228.

Naveena, B.M.; Sen, A.R.; Kingsly, R.P.; Singh, D.B. i Kondaiah, N. (2008). Aktywność przeciwutleniająca ekstraktu ze skórki granatu w gotowanych pasztecikach z kurczaka. Int. J. Food Sci. Technol., 43: 1807-1812.

Nawwar, M.A.M.; Hussein, S.A.M. i Merfort, I. (1994a). Leaf phenolics of Punica granatum. Phytochem., 37:1175-1177.

Nawwar, M.A.M.; Hussein, S.A.M. i Merfort, I. (1994b). NMR Spectral analysis of polyphenols from Punica granatum. Phytochem., 36:793-798.

Negi, P.S. i Jayaprakasha, G.K. (2003). Aktywność przeciwutleniająca i przeciwbakteryjna ekstraktów ze skórki *Punica granatum*. JFS -Food Microbiol. Safety. 68(4):1473-1477.

Neurath, A. R.; Strick, N.; Li, Y. i Debnath, A. K. (2004). *Sok z Punica granatum* (granatu) jest inhibitorem wnikania wirusa HIV-1 i kandydatem na miejscowy środek bakteriobójczy. BMC Infect. Dis., 4: 41.

Neurath, A. R.; Strick, N.; Li, Y. i Debnath, A. K. (2005). *Sok z Punica granatum* (granatu) jest inhibitorem wnikania wirusa HIV-1 i kandydatem na miejscowy środek bakteriobójczy. Ann. New York Acad. Sci., 1056:311-327.

Newman, R.A.; Lansky, E.P. i Block, M.L. (2007). Granat: The most medicinal fruit, first Ed. Roberta W. Waddell, USA. 128.

Noda, Y.; Kaneyuka, T.; Mori, A. i Packer, L. (2002). Antioxidant activities of granate fruit extract and its anthocyanidins: delphinidin, cyanidin, and pelargonidin, J. Agric. Food Chem., 50(1):166-71.

Okwu, D.C. (2005). Zawartość fitochemiczna, witaminowa i mineralna dwóch nigeryjskich roślin leczniczych. Int. J. Molecular Med. Adv. Sci., 1:372-381.

Okwu, D.C. i Okwu, M.E. (2004). Skład chemiczny *Spondias mombin* Linn. Plant aparts. J. Sustian. Agric. Environ., 6:30-34.

Omoregie, E.H.; Folashade, K.O.; Ibrahim, I.; Nkiruka, O.P.; Sabo, A.M.; Koma; O.S. and Ibumeh, O.J. (2010). Phytochemical analysis and antimicrobial activity of *Punica granatum* L. (fruit bark and leaves). New York Sci., 3(12):91-98.

Orgil, O.; Schwartz, E.; Baruch, L.; Matityahu , I.; Mahajna, J. and Amir, R. (2014). Potencjał antyoksydacyjny i antyproliferacyjny niejadalnych organów owocu i drzewa granatu, LWT - Food Sci. Technol., 58(2):571-577.

Ozgen, M.; Durgac, C.; Serc, S. i Kaya, C. (2008). Chemical and antioxidant properties of pomegranate cultivars grown in the Mediterranean region of Turkey. Food Chem., 111:7703-7706.

Paller, C.J.; Ye, X.; Wozniak, P.J.; Gillespie, B.K.; Sieber, P.R.; Greengold, R.H. Stockton, B.R.; Hertzman, B.L.; Efros, M.D.; Roper, R.P.; Liker, H.R. and Carducci, M.A. (2013).

Randomizowane badanie fazy II ekstraktu z granatu u mężczyzn ze wzrostem PSA po wstępnej terapii zlokalizowanego raka prostaty. Prostate Cancer Prostatic Dis., 16(1):50-55.

Pande, G. i Akoh, C.C. (2009). Zdolność przeciwutleniająca i charakterystyka lipidów sześciu odmian granatu uprawianych w Gruzji. J. Agric. Food Chem., 57:9427-9436.

Patil, A.V. i Karade, A.R. (1996). In T.K. Bose and S.K. Mitra (Eds.), Fruits: Tropical and subtropical Calcutta, India: Naya Prakash, pp. 252-279.

Połunin, O. i Huxley, A. (1987). Pomegranate. In: Flowers of the Mediterranean. Hogarth Press, pp. 54-57.

Prakash, C.V.S. i Prakash, I. (2011). Bioaktywne składniki chemiczne z soku, nasion i skórki granatu (*Punica granatum*) - przegląd. Int. J. Res. Chem. Environ., 1(1):1-18.

Prior, R.L. (2004). Wchłanianie i metabolizm antocyjanów: potencjalne skutki zdrowotne. In: Meskin, M., Bidlack, W.R., Davies, A.J., Lewis, D.S., Randolph, R.K. (Eds.), Phytochemicals: mechanisms of action. CRC Press, Boca Raton, FL, s. 1.

Pullancheri, D.; Vaidyanathan, G. i Gayathree, N. (2013). Jakościowe i ilościowe analizy rozpuszczalnych w wodzie witamin i flawonoidów w soku z łupin granatu, skórce i komercyjnie dostępnym soku owocowym przy użyciu ACQUITY UPLC H- Class z detektorem PDA. Waters the science of whats possible, 1-7.

Qasim, F.K.; Qadir, F.A. i Karim, K.J. (2013). Wpływ oleju z nasion granatu i tamoksyfenu na kobiety z rakiem piersi po mastektomii. Iosr J. Pharm., 3(3):44-51.

Qnais, E.Y.; Elokda, A.S.; Abu Ghalyun, Y.Y. and Abdulla F.A. (2007). Antidiarrheal activity of the aqueous extract of Punica granatum (Pomegranate) peels, Pharm. Biol., 45(9):715-720.

Qusti, S.Y.; Abo-khatwa, A.N. i Bin Lahwa, M.A., (2010). Screening of antioxidant activity and phenolic content of selected food items cited in the holly Quran. Eur. J. Biol. Sci., 2(1):40-51.

Radhika, S.; Smila, K.H. i Muthezhilan, R. (2011). Aktywność przeciwcukrzycowa i hipolipidemiczna Punica granatum Linn na szczurach indukowanych alloksanem. World J. Med. Sci., 6(4):178-182.

Radunic', M.; Spika, M.J.; Ban, S.G.; Gadze, J.; Diaz-Perez, J.C. i MacLean, D. (2015). Właściwości fizyczne i chemiczne owoców granatu pochodzących z Chorwacji. Food Chem., 177: 53-60.

Rajan, S.; Mahalakshmi, S.; Deepa, V.M.; Sathya, K.; Shajitha, S. and Thirunalasundari, T. (2011). Przeciwutleniacz i potencjał ekstraktów ze skórki owoców Punica granatum. Int. J. Pharm. Pharm. Sci., 3(3):82-88.

Ramadan, A.; El-Badrawy, S.; Abd-el-Ghany, M. i Nagib, R. (2009). Utilization of hydro-alcoholic extracts of peel and rind and juice of granates natural antioxidants in cotton seed oil. The 5th Arab and 2nd Int. Ann. Sci. Conference, Egipt, 8-9.

Reddy, M.K.; Gupta, S.K.; Jacob, M.R.; Khan, S.I. and Ferreira, D. (2007). Antioxidant, antimalarial and antimicrobial activities of tannin-rich fractions, ellagitannins and phenolic acids from Punica granatum L. Planta Med., 73(5):461- 467.

Ricci, D.; Giamperi, L.; Bucchini, A. i Fraternale, D. (2006). Aktywność przeciwutleniająca owoców Punica granatum. Fitoterapia, 77:310-312.

Rosenblat, M.; Hayek, T. i Aviram, M. (2006). Antyoksydacyjny wpływ spożycia soku z granatów (PJ) przez pacjentów z cukrzycą na surowicę i makrofagi. Atherosclerosis,

187:363-371.

Ross, I. (2003). Rośliny lecznicze świata. 1st ed. Humana Press Inc. Totowa: New Jersey. P. 494.

Rosier, M.F. (2006). Kanał T i biosynteza steroidów: W poszukiwaniu związku z mitochondriami. Cell calcium, 40:155-164.

Sangeetha, R. i Jayaprakash, A. (2015). Phytochemical Screening of *Punica granatum* Linn. Peel Extracts. J. Acad. Indus. Res., 4(5):160-162.

Saxena, A. i Vikram, N.K. (2004). Rola wybranych indyjskich roślin w leczeniu cukrzycy typu 2: przegląd. J. Altern. Complement Med., 10:369-378.

Schubert, S.Y.; Lansky, E.P. i Neeman I. (1999). Antioxidant and eicosanoid enzyme inhibition properties of granate seed oil and fermented juice flavonoids. J. Ethnopharmacol., 66:11-17.

Seeram, N.P.; Aronson, W.J.; Zhang, Y.; Henning, S.M.; Moro, A.; Lee, R.P.; Sartippour, M.; Harris, D.M.; Rettig, M.; Suchard, M.A.; Pantuck, A.J.; Belldegrun, A. and Heber, D. (2007). Metabolity pochodzące z granatu elagitaniny hamują wzrost raka prostaty i lokalizują się w gruczole krokowym myszy. J. Agric. Food Chem., 55: 7732-7737.

Seeram, N.P.; Zhang, Y.; Reed, J.D.; Krueger, C.G. i Vaya, J. (2006). Składniki fitochemiczne granatu. In: Granaty: starożytne korzenie do współczesnej medycyny. (pod redakcją Seeram, N.P.; Schulman, R. i Heber, D.). PP. 3-29. Nowy Jork, USA: Taylor and Francis Group.

Sharma, R., and Arya, V. (2011). Przegląd owoców o potencjale przeciwcukrzycowym. J. Chem. Pharm. Res., 3(2):204-212.

Silvia, E.M.; Solange, I.M.; Martinez-Avila, G.; Montanez-Saenz, J.; Aguilar, C.N. and Teixeira, J.A. (2011). Bioaktywne związki fenolowe: Produkcja i ekstrakcja poprzez fermentację w stanie stałym. A Review. Biotechnol. Adv., 29:365-373.

Singh, R.P.; Jayaprakasha, G.K. i Sakariah, K.K. (2001). Proces ekstrakcji przeciwutleniaczy ze skórek granatu. Zgłoszony do patentu indyjskiego nr 392/De/01, 29 marca 2001.

Singh, R.P.; Chidambara, M.K.N. i GK J. (2002). Studies on the antioxidant activity of granat (*Punica granatum*) peel and seed extracts using in vitro models. J Agric Food Chem, 50, 81-6.

Soobrattee, M.A.; Neergheena, V.S.; Luximon-Rammaa, A.; Aruomab, , O.I. i Bahoruna, T. (2005). Fenole jako potencjalne antyoksydacyjne środki terapeutyczne: Mechanism and actions. Mutat. Res., 579(1-2):200-213.

Stewart, G.S.; Jassim, S.A.; Denyer, S.P.; Newby, P.; Linley, K. i Dhir, V.K. (1998). Specyficzne i czułe wykrywanie patogenów bakteryjnych w ciągu 4 godzin przy użyciu amplifikacji bakteriofagów. J. Appl. Microbiol., 84:777-783.

Su, X.; Sangster, M.Y. i D'Souza, D.H. (2010). Wpływ *in vitro* soku z granatu i polifenoli granatu na surogaty wirusów przenoszonych przez żywność. Foodborne Pathog. Dis., 7(12):1473-1479.

Su, X.; Sangster, M.Y. i D'Souza, D.H. (2011). Zależny od czasu wpływ soku z granatów i polifenoli granatu na redukcję wirusów przenoszonych przez żywność. Food borne Pathog. Dis., 8(11):1177-1183.

Sumathi, E. i Janarthanam, B. (2015). Phytochemical composition, tannin content, DPPH assay and antimicrobial activity of peel extracts of *Punica granatum*. L. World J. Pharm. Res., 4(11): 1895-1908.

Tanaka, T.; Nonaka, G.I. i Nishioka, I. (1985). Punicafolin, and ellagitannin from the leaves of Punica granatum. Phytochem., 24: 2075-2078.

Tanaka, T.; Nonaka, G.I. i Nishioka, I. (1986). Taniny i związki pokrewne. XL. Revision of the structures of punicalin and punicalagin, and isolation and characterization of 2-Galloylpunicalin from the bark of Punica granatum L. Chem. Pharm. Bull., 34:650-655.

Tehranifar, A.; Zarei, M.; Esfandiyari, B. i Nemati, Z. (2010). Właściwości fizykochemiczne i aktywność przeciwutleniająca owoców granatu (Punica granatum) różnych odmian uprawianych w Iranie. Hort. Environ. Biotechnol., 51(6):573-579.

Tiwari, P.; Kumar, B.; Kaur, M.; Kaur, G. i Kaur, H. (2011). Badania fitochemiczne i ekstrakcja. A review. Intr. Pharm. Sci., 1(1):98-106.

Toklu, H.Z.; Dumlu, M.U.; Sehirli, O.; Ercan, F.; Gedik, N.; Gokmen, V. i Sener, G. (2007). Ekstrakt ze skórki granatu zapobiega zwłóknieniu wątroby u szczurów z niedrożnością dróg żółciowych. J. Pharm. Pharmacol., 59(9):1287-1295.

Toklu, H.Z.; §ehirli, O.; Ozyurt, H.; Mayada **gli, A. A.;** Ek§ioglu-Demiralp, E.; £etinel, S. **and §ener, G. (2009).** Punica granatum peel extract protects against ionizing radiation - Induced enteritis and leukocyte apoptosis in rats. J. Radiat. Res., 50(4):345-353.

Topallar, H.; Bayrak, Y. i Iscan, M.J. (1997). Badanie kinetyczne autooksydacji oleju słonecznikowego. J. Am. Oil Chem. Soc., 74:1323-1327.

Tzulker, R.; Glazer, I.; Bar-Ilan, I.; Holland, D.; Aviram, M. and Amir, R. (2007). Aktywność przeciwutleniająca, zawartość polifenoli i związków pokrewnych w różnych sokach owocowych i homogenatach przygotowanych z 29 różnych odmian granatu. J. Agric. Food Chem., 55:9559-9570.

Ullah, N.; Ali, J.; Khan, F. A.; Khurram, M.; Hussain, A.; Rahman, I.; Rahman, Z. i Ullah, S. (2012). Proximate composition, minerals content, antibacterial and antifungal activity evaluation of pomegranate (Punica granatum L.) peels powder. Middle-East J. Sci. Res., 11(3):396-401.

Varadarajan, P.; Rathinaswamy, G. i Asirvatahm, D. (2008). Właściwości przeciwdrobnoustrojowe i składniki fitochemiczne Rhoeo discolor. Ethnobotanical. Leaflet, 12:841-845.

Velioglu, Y.S.; Mazza, G.; Gao, L. i Oomah, B.D. (1998). Aktywność przeciwutleniająca i całkowita zawartość fenoli w wybranych owocach, warzywach i produktach zbożowych. J. Agric. Food Chem., 46:4113-4117.

Viuda-Martos, M.; Fernandez-Loaez, J. i Perez-alvarez, J.A. (2010). Granat i jego wiele funkcjonalnych składników związanych ze zdrowiem człowieka: A Review. Compre. Rev. Food Sci. Food Safety, 9(6):635-654.

Viuda-Martos, M.; Ruiz-Navajas, Y.; Martin-Sanchez, A.; Sanchez-Zapata, E.; Fernandez-Lopez, J.; Sendra, E.; Sayas-Barbera, E.; Navarro, C. and Perez- Alvarez, J.A. (2012). Chemical, physico-chemical and functional properties of granat (Punica granatum L.) bagasses powder co-product. J. Food Eng., 110:220-224.

Voravuthikunchai, S.; Lortheeranuwat, A.; Jeeju, W.; Sririrak, T.; Phongpaichit, S. i Supawita, T. (2004). Skuteczne rośliny lecznicze przeciwko enterokrwotocznej *Escherichia coli* O157: H7. J. Ethnopharmacol., 94:49-54.

Watson, L. i Dallwitz, M.J. (1992). Rodziny roślin kwiatowych: opisy, ilustracje, identyfikacja i wyszukiwanie informacji. Austral. Syst. Bot., 4(4)681695.

Zhang, J.; Zhan, B.; Yao, X. i Song, J. (1995). Aktywność przeciwwirusowa taniny z owocni *Punica granatum* L. przeciwko wirusowi opryszczki narządów płciowych *in vitro*. Zhongguo Zhongyao Zazhi = China J. Chin. Mate. Med., 20(9):556-576.

Zhao, X.; Yuan, Z.; Fang, Y.; Yin, Y. i Feng, L. (2014). Zmiany flawonoli i flawonów w skórce owoców granatu (*Punica granatum* L.) podczas rozwoju owoców. J. Agric. Sci. Tech., 16: 1649-1659.

Zhou, K. i Yu, L. (2004). Wpływ rozpuszczalnika ekstrakcyjnego na ocenę aktywności przeciwutleniającej otrębów pszennych. LWT- Food. Sci Technol., 37: 717-721.

الملخص العربى

دراسات بيوكيميائية على عصائر اوراق و قشور الرمان

إستخدمت ثمار الرمان على نطاق واسع فى العديد من الثقافات والدول المختلفة لآلاف السنين. وقد اكتسبت فاكهة الرمان قدرا كبيرا من الشعبية على مدى سنوات. وعادة ارتبطت ثمار الرمان بتحسين صحة القلب والعديد من الوظائف الاخرى بما فى ذلك الحماية ضد سرطان البروستاتا وتباطؤ فقدان الغضروف فى المفاصل.

فى هذه الدراسة تم جمع أوراق وقشور الرمان من نوع الواندرفل يدويا وتم ضغطها ميكانيكياً للحصول على العصير الخام. تم التعرف على التركيب الكيميائى العام والمركبات الكيميائية والمركبات عديدة الفينولات والفلافونيدات والتانينات والأنثوسيانينات التى توجد فى هذه العصائر كما تم أستخدام جهاز التحليل الكروماتوجرافى السائلى HPLC للتعرف وصفيا وكميا على المركبات الفينولية التى توجد فى عصائر أوراق وقشور الرمان. تم تقييم النشاط المضاد للاكسدة للعصائر الخام للاوراق والقشور على زيت عباد الشمس عن طريق ثلاث طرق وهى 2,2-ثنائى الفينايل-1-بيكرايل-هيدرازيل (DPPH) وقوة الاختزال وتعيين فترة الإعداد من خلال جهاز الرانسيمات.

يمكن تلخيص النتائج المتحصل عليها فيما يلى:

1. أشار التركيب الكيميائى العام إلى أن العصير الخام لقشور الرمان يحتوى على كمية كبيرة من البروتينات الخام والكربوهيدرات الكلية الذائبة بمقدار 1,42 و 2,5 ضعف الموجود فى العصير الخام للأوراق على التوالى. ومن الجدير بالذكر أن العصير الخام للأوراق كان خالياً من الألياف الخام. ومع ذلك فإن الالياف الخام وجدت بنسبة بسيطة فى العصير الخام للقشور (<10٪). وتشير البيانات الحالية أن العصير الخام للقشور يمكن إستخدامه كمصدر للالياف الخام والكربوهيدرات الكلية.
2. أشارت تحاليل الفحص الكيميائى إلى أن العصير الخام لقشور الرمان يحتوى على كربوهيدرات وسكرات مختزلة ومركبات فينولية كمكونات رئيسية (< 10٪). كما ظهرت البروتينات والاحماض الامينية والتانينات والفلافونيدات فى العصير الخام لقشر الرمان بكميات قليلة (< 10٪ - > 1٪). فى حين أن الجليكوسيدات والقلويدات و الصابونينات والاستيرولات وجدت بمقدار ضئيل (< 1٪). ومن المثير للإهتمام أن نلاحظ أن العصير الخام لقشور الرمان من صنف الواندرفول يحتوى على كميات عالية من الكربوهيدرات والبروتينات والفينولات والتانينات عنه فى العصير الخام للورق. ومن ناحية أخرى، فإن أجزاء الرمان النباتية (القشور والاوراق) تحتوى على كميات متساوية تقريبا من الجليكوسيدات والاحماض الامينية والقلويدات والاستيرولات والزيوت الثابتة وكانت كمية الصابونينات فى العصير الخام للأوراق أعلى منه فى العصير الخام للقشور.
3. أشارت النتائج أيضا إلى أن المركبات الفينولية والفلافونيدات فى العصير الخام للقشور أعلى من التى توجد فى العصير الخام للورق بحوالى 1,22 و 1,43 مرة على التوالى.
4. أشارت النتائج إلى أن التانينات والأنثوسيانينات فى العصير الخام للقشور أعلى من التى توجد فى العصير الخام للورق بحوالى 1,16 و 1,29 مرة على التوالى.

5. أستخدم جهاز التحليل الكروماتوجرافى السائلى HPLC للتعرف على المركبات الفينولية التى توجد فى عصائر أوراق وقشور الرمان حيث وجد 12 و 6 مركبات فينولية فى عصير قشر وورق الرمان على التوالى. وتبين أن حوالى 50 ٪ من هذه المركبات تم تقديرها كمياً حيث وجد أن المركبات الاساسية التى وجدت فى عصائر قشر وورق الرمان هى حمض الجاليك – حمض البروتوكاتيشويك و حمض الجاليك – 3-هيدروكسى تيروزول على التوالى.

6. أظهر العصير الخام لقشر الرمان نشاط مضاد للاكسدة أقوى منه فى العصير الخام لورق الرمان حوالى 6,59 مرة بطريقة 2,2-ثنائى الفينايل-1-بيكرايل-هيدرازيل (DPPH) كما تبين أن له قوة إختزال عالية عنه فى العصير الخام للورق. وأوضحت نتائج التأثير المضاد للأكسدة لعصائر أوراق وقشور الرمان والمقدرة بواسطة جهاز الرانسيمات أن كلا من العصير الخام لقشور وأوراق الرمان والمضاف بتركيزات مختلفة قد أظهر تأثير مضاد للأكسدة على ثبات زيت عباد الشمس.

7. اظهر التحليل الاحصائى ان هناك علاقة طردية بين المحتوى من المركبات عديدة الفينولات و النشاط المضاد للاكسدة للعصائر الخام للرمان.

8. دلت النتائج الحالية على استخدام العصائر الخام للرمان كمضادات أكسدة طبيعية لأنها رخيصة الثمن ولا تسبب أى تأثير ضار على صحة الانسان كما أن لها فعل مضاد للأكسدة قوى مقارنة بمضاد الاكسدة المخلق والمعروف ب بيوتيليتد هيدروكسى تولوين (BHT) .

وتوصى الدراسة بصفة خاصة على استخدام عصير قشر الرمان الخام فى مجالات متعددة لخدمة صحة الانسان.

اسم الطالب: ليلى سعيد محمد توفيق **الدرجة:** ماجستير
عنوان الرسالة: دراسات بيوكيميائية على عصائر اوراق و قشور الرمان
المشرفون: دكتور: رضوان صدقى فرج
دكتور: محمد سعد عبد اللطيف
قسم: الكيمياء الحيوية **تاريخ منح الدرجة:** / /2016

المستخلص العربى

تم ضغط أوراق وقشور الرمان من صنف الواندرفل ميكانيكياً للحصول على العصير الخام. تم التعرف على التركيب الكيميائى العام والمركبات الكيميائية والمركبات عديدة الفينولات والفلافونيدات والتانينات والأنثوسيانينات التى توجد فى هذه العصائر كما تم أستخدام جهاز التحليل الكروماتوجرافى السائلى HPLC للتعرف وصفيا وكميا على المركبات الفينولية التى توجد فى عصائر أوراق وقشور الرمان. تم تقييم النشاط المضاد للاكسدة للعصائر الخام للاوراق والقشورعلى زيت عباد الشمس عن طريق ثلاث طرق وهى 2,2-ثنائى الفينايل-1-بيكرايل-هيدرازيل (DPPH) وقوة الاختزال وتعيين فترة الإعداد من خلال جهاز الرانسيمات. وأشارت النتائج إلى أن العصير الخام للقشور يحتوى على كمية عالية من البروتين الخام والكربوهيدرات الكلية الذائبة حوالى 1,42 و 2,5 مرة اكثر من الموجودة فى العصير الخام للأوراق كما أن المركبات الفينولية والفلافونيدات والتانينات والأنثوسيانينات فى العصير الخام للقشور أعلى بشكل ملحوظ من التى توجد فى العصير الخام للأوراق. كذلك أستخدم جهاز HPLC للتعرف على المركبات الفينولية التى توجد فى عصائر أوراق وقشور الرمان حيث وجد 12 و 6 مركبات فينولية فى عصير قشر وورق الرمان على التوالى ووجد أن المركبات الاساسية التى وجدت فى عصائر قشر وورق الرمان هى حمض الجاليك – حمض البروتوكاتيشويك و حمض الجاليك – 3-هيدروكسى تيروزول على التوالى. كما أظهر العصير الخام لقشر الرمان نشاط مضاد للاكسدة أقوى منه فى العصير الخام لورق الرمان حوالى 6,59 مرة. كما اظهر التحليل الاحصائى ان هناك علاقة طردية بين المحتوى من المركبات عديدة الفينولات و النشاط المضاد للاكسدة للعصائر الخام للرمان. وأكدت النتائج الحالية على استخدام العصائر الخام للرمان كمضادات أكسدة طبيعية لأنها رخيصة الثمن ولا تسبب أى تأثير ضار على صحة الانسان كما أن فعل مضاد للأكسدة قوى مقارنة بمضاد الاكسدة المخلق والمعروف بـ BHT.

الكلمات الدالة: العصائر الخام لأوراق وقشور الرمان، التركيب الكيميائى العام، تحاليل الفحص الكيميائى النباتى، البوليفينولات، الفلافويدات، جهاز الـ HPLC، ثبات زيت عباد الشمس، جهاز الرانسيمات.

www.ingramcontent.com/pod-product-compliance
Ingram Content Group UK Ltd.
Pitfield, Milton Keynes, MK11 3LW, UK
UKHW041936131224
452403UK00001B/180